Kompensierte und synchronisierte Asynchronmotoren

Von

Dr. sc. techn. H. F. Schait

Mit 60 Textabbildungen

SPRINGER-VERLAG BERLIN HEIDELBERG GMBH

1929

ISBN 978-3-662-38917-1   ISBN 978-3-662-39857-9 (eBook)
DOI 10.1007/978-3-662-39857-9

Vorwort.

Der Produzent elektrischer Energie trachtet stets mehr nach der Entlastung der Leitungsnetze von den Blindströmen, um die Wirkleistung seines Netzes steigern zu können. Es wird daher die von den Konsumenten elektrischer Energie bezogene Scheinleistung heute zum Teil nach andern Gesichtspunkten berechnet als in früheren Jahren. Man interessiert den Konsumenten an der Verminderung der wattlosen Ströme dadurch, daß der Stromtarif bei Verringerung der Entnahme von Blindleistung aus dem Netze dem Verbraucher finanzielle Vorteile bietet. Der Abnehmer elektrischer Energie hat demzufolge das Bestreben, die in seinem Betriebe auftretenden wattlosen Ströme nach Möglichkeit klein zu halten. Ein wichtiges Mittel, um dieses Ziel zu erreichen, besteht in der Verbesserung des Leistungsfaktors der Asynchronmotoren, genannt die Kompensation der Asynchronmaschine.

Auch geht man seit einigen Jahren immer mehr dazu über, in den Generatorstationen Kompensatoren aufzustellen, welche infolge ihrer kapazitiven Wirkung die induktiven Blindströme aufheben und so den Leistungsfaktor der Anlage verbessern. Damit diese Kompensatoren z. B. auch als Antriebsmotoren von Pumpen verwendet werden können, werden dieselben als synchronisierte Asynchronmotoren ausgeführt.

Im ersten Kapitel wird das genaue Kreisdiagramm des allgemeinen Transformators und die Berechnung des Asynchronmotors behandelt. Dadurch wird eine Basis geschaffen, auf welcher das Studium der Kompensation der Asynchronmaschine aufgebaut werden kann. Unter „allgemeiner Transformator" ist eine von Steinmetz herrührende Bezeichnung für den Induktionsmotor zu verstehen. Der übereinstimmende Aufbau der Kirchhoffschen Gleichungen für den Transformator und den Induktionsmotor haben zu dieser Benennung geführt. Auch der im Bau von Asynchronmaschinen geübte Leser wird dieses Kapitel mit Vorteil studieren, da dann die genaue Theorie der kompensierten und synchronisierten Asynchronmotoren mit weniger Mühe erfaßt wird.

Das zweite Kapitel orientiert zuerst über das Wesen und die Art der Kompensation, worauf die genauen Kreisdiagramme des kompensierten Asynchronmotors bei Eigen- und Fremderregung hergeleitet werden. Als typische Vertreter der kompensierten Asynchronmaschinen kommen auch der Osnos- und der Heylandmotor zur Behandlung.

Dem heute sehr verbreiteten synchronisierten Asynchronmotor (S-J-Motor) ist das dritte Kapitel gewidmet. Hierhin hätte auch der Fynnmotor, der in Amerika seine Entwicklung genommen hat, gehört, doch mußte von dessen Behandlung wegen möglichster Kürze des Buches Abstand genommen werden.

Im Anhang, Kapitel IV, ist die Kreisgleichung mit komplexen Zahlen hergeleitet. Dies geschah, um auch den in der Darstellungsweise mit komplexen Zahlen nicht vertrauten Leser auf einfache Art in diese Rechenmethode einzuführen. Gerne hätte ich, wie in meinem Buche „Der Drehstrom-Induktionsregler", die klassische Mathematik ausnahmslos benutzt, was jedoch bei der Behandlung des vorliegenden Stoffes nicht immer ratsam war. Die Gleichungen wären manchmal derart lang und unübersichtlich ausgefallen, daß den Herleitungen kaum mehr zu folgen gewesen wäre. Dort, wo es sich um Berechnungen der technischen Daten der Maschinen handelt, wurde die gewohnte Analysis verwendet, bei der Aufstellung der Diagramme mußte jedoch die Verwendung komplexer Zahlen bevorzugt werden.

Einige Bilder, welche im Anhang dem Buch beigefügt sind, illustrieren die praktischen Ausführungen der kompensierten und synchronisierten Asynchronmotoren. Ich möchte nicht unterlassen den Firmen Maschinenfabrik Oerlikon, Oerlikon, A.-G. Brown, Boveri & Cie., Baden und Siemens-Schuckertwerke A. G., Berlin, für die Überlassung dieses Illustrationsmaterials zu danken.

Der Verlagsbuchhandlung Julius Springer danke ich, mir wiederum die Möglichkeit geboten zu haben, meine Arbeit in mustergültiger Ausstattung veröffentlichen zu können.

Zürich, im Oktober 1929.

H. F. Schait.

Inhaltsverzeichnis.

I. Der Drehstrom-Asynchronmotor.

1. Das genaue Kreisdiagramm des allgemeinen Transformators[1].

Das Verhalten einer elektrischen Maschine im Betrieb wird mit Hilfe eines Diagrammes klar zur Darstellung gebracht. Beim Asynchronmotor werden die elektrischen Verhältnisse mittels den bekannten Kreisdiagrammen von Heyland, Ossanna und Sumec studiert. Während die Verluste des sekundären Teiles die Lage des Belastungspunktes auf dem Kreise festlegen, beeinflussen die Verluste des Primärteiles den Aufbau des Kreises. Werden die Kupferverluste der Primärwicklung nur approximativ berücksichtigt, dann führt die Aufstellung des Diagramms zum Heyland- oder Streuungskreis. Bei genauer Berücksichtigung der Kupferverluste der Primärwicklung gewinnt man den Ossanna- oder Kupferkreis, und führt man noch die Eisenverluste des Primärteiles in die Betrachtung ein, dann gelangt man zum Sumec- oder Eisenkreis. Dasjenige Diagramm, welches nebst der genauen Berücksichtigung der Kupferverluste der Primärwicklung noch die Eisenverluste so genau wie eben möglich zum Ausdruck bringt, wird allgemein genaues Kreisdiagramm genannt. Nebst Sumec haben auch La Cour und Petersen genaue Kreisdiagramme aufgestellt, wobei gewöhnlich von einer Ersatzschaltung ausgegangen wurde. Auch Heubach hat ein genaues Kreisdiagramm für den Asynchronmotor hergeleitet. Er ging dabei von der folgenden Hilfsvorstellung aus:

Nimmt man die Eisenverluste proportional dem Quadrat der Induktion im Primärteil an, dann kann das Eisen verlustlos gedacht werden, und die Wirkung dieser Verluste kann dann in eine auf dem Primärteil liegende und in sich kurzgeschlossene dritte Wicklung verlegt werden. Die Stromwärme in dieser dritten Wicklung ersetzt also die Eisenverluste. Die Eisenverluste setzten sich aus Wirbelstrom- und Hysteresisverlusten zusammen. Der erstere Verlust ist wohl dem Quadrat der Eiseninduktion proportional, der letztere jedoch nur der 1,6 Potenz der Induktion. Setzt man also die Eisenverluste dem Quadrat der Eiseninduktion proportional, dann begeht man wohl einen kleinen Fehler. Ferner ist zu beachten, daß die Wirbelströme etwas auf den primären Fluß zurückwirken, was wiederum eine geringfügige Fehlerquelle bedingt. Wollte man die genannten Ungenauigkeiten eliminieren, dann wäre das Resultat ein Diagramm, das weder durch-

---

[1] Die Bezeichnung Allgemeiner Transformator für den Induktionsmotor stammt von Steinmetz. Der Grund für diese Benennung liegt in dem übereinstimmenden Aufbau der Kirchhoffschen Gleichungen des Transformators und des Induktionsmotors.

sichtig noch praktisch brauchbar wäre, und dies alles infolge eines kaum merkbaren Gewinnes an Genauigkeit.

Mit Hilfe des Gedankens der auf den Primärteil verlegten dritten Wicklung hat Hemmeter[1] in neuester Zeit ein genaues Kreisdiagramm für den allgemeinen Transformator hergeleitet, das in seinem Aufbau äußerst einfach und durchsichtig ist. Der Zweck dieses Abschnittes soll nun sein, dieses für das Studium des Asynchronmotors, sowie des kompensierten Asynchronmotors sehr geeignete Diagramm in möglichst allgemeinverständlicher Art herzuleiten. Derjenige Leser, welcher die Darstellungsweise der Kreisgleichung mit komplexen Zahlen nicht kennt, möge den im Anhang dieses Buches gebotenen Stoff zunächst einer Einsicht unterziehen. Darauf wird es auch für ihn ein leichtes sein, den folgenden Untersuchungen mit Verständnis zu folgen.

Der Primärteil des allgemeinen Transformators sei der Stator. Man hat sich nun im Stator nebst der normalen Statorwicklung eine weitere Wicklung, die dem Statoreisen membranartig aufliegt, zu denken. In diese Wicklung werden die Eisenverluste des Statoreisens verlegt. Unter diesen Annahmen weist der allgemeine Transformator drei Wicklungen auf. Man hat demnach im Kommenden die charakteristischen Daten von drei Wicklungen in die Rechnung einzuführen. Der Index 1 deutet die Zugehörigkeit einer Größe zur Statorwicklung an. Der Index 2 weise auf die Rotorwicklung hin und der Index 3 schreibt die Größe der auf dem Stator liegenden dritten Wicklung zu.

Die Wicklungen sind durch die folgenden Größen gekennzeichnet,
Ohmsche Widerstände $R_1\ R_2\ R_3$,
Selbstinduktivitäten $L_1\ L_2\ L_3$,
Gegenseitige Induktivitäten $M_{12}\ M_{13}\ M_{23}$,
Totale Streukoeffizienten $\tau_{12}\ \tau_{13}\ \tau_{23}$.

Die Stromquelle besitze die Kreisfrequenz ω. Die Ströme der Statorwicklung und der in den Stator verlegten dritten Wicklung sind von dieser Kreisfrequenz. Der Rotorstrom weist dagegen die Schlupfkreisfrequenz auf. Dividiert man jedoch letztere durch den Schlupf, dann erhält man wieder die Kreisfrequenz des Netzes. Von dieser Division sei Gebrauch gemacht zwecks Elimination der Schlupfkreisfrequenz aus den aufzustellenden Gleichungen. Hierfür erscheint dann nur der Ohmsche Widerstand der Rotorwicklung als veränderliche Größe. Bezeichnet man mit j die imaginäre Einheit, dann lauten die Ausdrücke für die Impedanzen der drei Wicklungen

$$R_1 + j \cdot \omega \cdot L_1 = \mathfrak{z}_1, \qquad R_2 + j \cdot \omega \cdot L_2 = \mathfrak{z}_2, \qquad R_3 + j \cdot \omega \cdot L_3 = \mathfrak{z}_3.$$

Für die Wechselreaktanzen sei gesetzt

$$j \cdot \omega \cdot M_{12} = \mathfrak{m}_{12}, \qquad j \cdot \omega \cdot M_{13} = \mathfrak{m}_{13}, \qquad j \cdot \omega \cdot M_{23} = \mathfrak{m}_{23}.$$

Der Stator werde an die konstante Spannung $\mathfrak{U}_1$ gelegt. Bei Belastung fließen in den drei Wicklungen die Ströme $\mathfrak{I}_1$, $\mathfrak{I}_2$ und $\mathfrak{I}_3$. Die Anwendung des zweiten Kirchhoffschen Gesetzes, welches Gleich-

---

[1] Hemmeter, H.: Arch. f. Elektr., Bd. XVIII, S. 257, 1927.

gewicht zwischen den äußeren und innern Spannungen verlangt, führt zu den Gleichungen

für die Statorwicklung

$$\mathfrak{U}_1 = \mathfrak{J}_1 \cdot \mathfrak{z}_1 + \mathfrak{J}_2 \cdot \mathfrak{m}_{12} + \mathfrak{J}_3 \cdot \mathfrak{m}_{13}, \tag{1}$$

für die Rotorwicklung

$$0 = \mathfrak{J}_1 \cdot \mathfrak{m}_{12} + \mathfrak{J}_2 \cdot \mathfrak{z}_2 + \mathfrak{J}_3 \cdot \mathfrak{m}_{23}, \tag{2}$$

für die dritte Wicklung

$$0 = \mathfrak{J}_1 \cdot \mathfrak{m}_{13} + \mathfrak{J}_2 \cdot \mathfrak{m}_{23} + \mathfrak{J}_3 \cdot \mathfrak{z}_3. \tag{3}$$

In diesen Gleichungen sind alle Widerstände außer dem Ohmschen Widerstand R_2 der Rotorwicklung als konstant anzusehen. Die Belastungsänderung wird nämlich durch die Größenänderung von R_2 dargestellt.

Die Gleichungen (1), (2) u. (3) sind die Basis zur Aufstellung des Diagrammes für den allgemeinen Transformator. Man hat danach zu trachten, diese drei Gleichungen in eine zu verschmelzen, und muß darauf diese eine Gleichung geometrisch deuten. Mit andern Worten heißt das, es soll der geometrische Ort, auf dem die Vektorspitze eines Stromvektors bei Variation des Widerstandes R_2 marschiert, festgelegt werden. Am zweckmäßigsten sucht man die Ortskurve des Kompensationsstromes $\mathfrak{J}_2'$. Der auf der Sekundärseite auftretende Belastungsstrom $\mathfrak{J}_2$ bedingt bekannterweise auf der Primärseite diesen Kompensationsstrom, welcher mit dem Leerlaufstrom vereint den durch die Primärwicklung aus dem Netz aufgenommenen Strom $\mathfrak{J}_1$ ergibt. Um den gekennzeichneten Weg zu beschreiten, beginnt man mit der Elimination des Stromes $\mathfrak{J}_3$ aus den Gleichungen (1) und (2). Dies geschieht mit Hilfe der Gleichung (3), aus derselben ergibt sich für $\mathfrak{J}_3$

$$\mathfrak{J}_3 = -\mathfrak{J}_1 \cdot \frac{\mathfrak{m}_{13}}{\mathfrak{z}_3} - \mathfrak{J}_2 \cdot \frac{\mathfrak{m}_{23}}{\mathfrak{z}_3}.$$

Setzt man diesen Wert von $\mathfrak{J}_3$ in die Gleichungen (1) und (2) ein, dann gehen dieselben über in

$$\mathfrak{U}_1 = \mathfrak{J}_1 \left(\mathfrak{z}_1 - \frac{\mathfrak{m}_{13}^2}{\mathfrak{z}_3} \right) + \mathfrak{J}_2 \left(\mathfrak{m}_{12} - \frac{\mathfrak{m}_{13} \cdot \mathfrak{m}_{23}}{\mathfrak{z}_3} \right),$$

$$0 = \mathfrak{J}_1 \left(\mathfrak{m}_{12} - \frac{\mathfrak{m}_{13} \cdot \mathfrak{m}_{23}}{\mathfrak{z}_3} \right) + \mathfrak{J}_2 \left(\mathfrak{z}_2 - \frac{\mathfrak{m}_{23}^2}{\mathfrak{z}_3} \right).$$

Durch Einführung der Abkürzungen

$$\mathfrak{z}_1 - \frac{\mathfrak{m}_{13}^2}{\mathfrak{z}_3} = \mathfrak{Z}_1, \qquad \mathfrak{z}_2 - \frac{\mathfrak{m}_{23}^2}{\mathfrak{z}_3} = \mathfrak{Z}_2, \qquad \mathfrak{m}_{12} - \frac{\mathfrak{m}_{13} \cdot \mathfrak{m}_{23}}{\mathfrak{z}_3} = \mathfrak{M}$$

nehmen diese beiden Gleichungen die Form an

$$\mathfrak{U}_1 = \mathfrak{J}_1 \cdot \mathfrak{Z}_1 + \mathfrak{J}_2 \cdot \mathfrak{M}, \tag{4}$$

$$0 = \mathfrak{J}_1 \cdot \mathfrak{M} + \mathfrak{J}_2 \cdot \mathfrak{Z}_2. \tag{5}$$

Diese Gleichungen erinnern in ihrem formalen Aufbau an die Gleichungen des allgemeinen Transformators mit nur zwei Wicklungen, nämlich Primär- und Sekundärwicklung. Der bessern Übersicht wegen seien die Bestimmungsgleichungen für die Größen $\mathfrak{Z}_1$, $\mathfrak{Z}_2$, $\mathfrak{M}$ ausführlich angeschrieben.

$$\mathfrak{Z}_1 = \mathfrak{z}_1 - \frac{\mathfrak{m}_{13}^2}{\mathfrak{z}_3} = R_1 + j \cdot \omega \cdot L_1 + \frac{\omega^2 \cdot M_{13}^2}{R_3 + j \cdot \omega \cdot L_3},$$

$$\mathfrak{Z}_2 = \mathfrak{z}_2 - \frac{\mathfrak{m}_{23}^2}{\mathfrak{z}_3} = R_2 + j \cdot \omega \cdot L_2 + \frac{\omega^2 \cdot M_{23}^2}{R_3 + j \cdot \omega \cdot L_3},$$

$$\mathfrak{M} = \mathfrak{m}_{12} - \frac{\mathfrak{m}_{13} \cdot \mathfrak{m}_{23}}{\mathfrak{z}_3} = j \cdot \omega \cdot M_{12} + \frac{\omega^2 M_{13} \cdot M_{23}}{R_3 + j \cdot \omega \cdot L_3}.$$

Da im spätern diese Ausdrücke geometrisch interpretiert werden müssen, ist es angezeigt dieselben in reelle und imaginäre Teile geordnet umzuschreiben. Wie man erkennt, haben die folgenden modifizierten Ausdrücke Gültigkeit

$$\mathfrak{Z}_1 = R_1 + R_3 \cdot \frac{\omega^2 \cdot M_{13}^2}{R_3^2 + \omega^2 L_3^2} + j \cdot \omega \cdot \left(L_1 - L_3 \cdot \frac{\omega^2 \cdot M_{13}^2}{R_3^2 + \omega^2 L_3^2} \right) = y_1 + j \cdot x_1,$$

$$\mathfrak{Z}_2 = R_2 + R_3 \cdot \frac{\omega^2 \cdot M_{23}^2}{R_3^2 + \omega^2 L_3^2} + j \cdot \omega \cdot \left(L_2 - L_3 \cdot \frac{\omega^2 \cdot M_{23}^2}{R_3^2 + \omega^2 L_3^2} \right) = y_2 + j \cdot x_2,$$

$$\mathfrak{M} = R_3 \cdot \frac{\omega^2 \cdot M_{13} \cdot M_{23}}{R_3^2 + \omega^2 L_3^2} + j \cdot \omega \left(M_{12} - L_3 \cdot \frac{\omega^2 \cdot M_{13} \cdot M_{23}}{R_3^2 + \omega^2 L_3^2} \right) = y + j \cdot x.$$

Bei dieser Umstellung war zu beachten, daß

$$(R_3 + j \cdot \omega \cdot L_3) \cdot (R_3 - j \cdot \omega \cdot L_3) = R_3^2 + \omega^2 L_3^2$$

ist.

Da, wie bereits erwähnt wurde, die Ortskurve des Kompensationsstromes $\mathfrak{J}_2'$ ermittelt werden soll, ist zunächst der Strom $\mathfrak{J}_2$ aus den Gleichungen (4) und (5) zu eliminieren. Bekannterweise stellt das aus dem Sekundärstrom $\mathfrak{J}_2$ und den durch ihn bedingten Kompensationsstrom $\mathfrak{J}_2'$ gebildete Verhältnis das Übersetzungsverhältnis dar. Durch Einführung dieses Verhältnisses in die Gleichungen tritt in denselben statt des Stromes $\mathfrak{J}_2$ der Strom $\mathfrak{J}_2'$ auf. Bedeutet u das Übersetzungsverhältnis, dann gilt

$$- u = \frac{\mathfrak{J}_2}{\mathfrak{J}_2'}.$$

Im allgemeinen wird die Größe u auch durch das Verhältnis der Windungszahlen n_1 und n_2 der Primär- und Sekundärwicklung dargestellt, man ist daher gewohnt zu schreiben

$$- \frac{n_1}{n_2} = \frac{\mathfrak{J}_2}{\mathfrak{J}_2'}.$$

Diese Ausdrucksweise des Übersetzungsverhältnisses ist aber ungenau, sie wird den physikalischen Tatsachen nur annähernd gerecht. Das Verhältnis der Koeffizienten $\mathfrak{z}$ und $\mathfrak{m}$ bringen das Übersetzungsverhältnis richtig zur Darstellung.

Es ist üblich den magnetischen Fluß eines Transformators in einen sogenannten Arbeitsfluß, welcher mit der Primär- und der Sekundärwicklung verkettet ist, und in die Streuflüsse zu zerlegen. Hierbei ist der Streufluß einzig und allein nur durch die Durchflutung, welche er umfaßt, geschaffen. Ebenso wird angenommen, daß dieser einseitig verkettete Fluß der Durchflutung, die er umschlingt, proportional ist. Eine derartige Auftrennung des magnetischen Flusses ist nur bei einem leerlaufenden Transformator, welcher eine konzentrierte Wicklungsanordnung besitzen würde, denkbar.

Wenn schon beim leerlaufenden Transformator mit nicht konzentrierten Wicklungen die saubere Zerteilung in gemeinsamen und Streufluß nicht mehr durchführbar ist, dann darf dies noch weniger beim belasteten Transformator gemacht werden. Führen beide Wicklungen Strom, dann beeinflussen sich die ursprünglichen Felder gegenseitig, und es stellt sich eine resultierende Feldbildung ein. Der Fluß, welcher dann nur mit einer Wicklung verkettet ist, kann dann nicht nur von der Durchflutung dieser Wicklung abhängen, sondern auch von derjenigen der andern Wicklung. Der einseitig verkettete Fluß kann also ein Teil des Arbeitsflusses sein. Die Feldverhältnisse sind eben vom Verhältnis der Durchflutungen beider Stromkreise abhängig[1].

Da nun eine Trennung im physikalischen Sinne in Arbeits- und Streufluß wie üblich nicht möglich ist, kann aus dem Amperewindungsgesetz nicht gefolgert werden, daß sich die Arbeitsdurchflutungen primär und sekundär aufheben. Das aus der Gleichung

$$n_1 \cdot i_2' + n_2 \cdot i_2 = 0,$$

worin i_2 den Sekundärstrom und i_2' den Kompensationsstrom bedeutet, gewonnene Übersetzungsverhältnis ist somit nur eine Annäherung. Das den physikalischen Tatsachen entsprechende Übersetzungsverhältnis wird aus dem Gesetz der Erhaltung der Flußverkettung berechnet. Hierbei geht man folgendermaßen vor: Im Leerlauf gilt

$$\mathfrak{U}_1 = j \cdot \omega \cdot L_1 \cdot \mathfrak{J}_{10}.$$

Bei Belastung muß auf der Primärseite die durch die vorige Gleichung bedingte Flußverkettung bestehen bleiben, weshalb die Bezeichnung besteht

$$\mathfrak{U}_1 = j \cdot \omega \cdot L_1 \cdot \mathfrak{J}_{10} = j \cdot \omega \cdot L_1 \cdot \mathfrak{J}_1 + j \cdot \omega \cdot M \cdot \mathfrak{J}_2$$

oder

$$j \cdot \omega \cdot L_1 (\mathfrak{J}_1 - \mathfrak{J}_{10}) + j \cdot \omega \cdot M \cdot \mathfrak{J}_2 = 0$$

oder

$$L_1 \cdot \mathfrak{J}_2' + M \cdot \mathfrak{J}_2 = 0.$$

Die Flußverkettung der Arbeitsströme ist also Null. Das Übersetzungsverhältnis ist somit darzustellen durch

$$u = \frac{\mathfrak{J}_2}{\mathfrak{J}_2'} = -\frac{L_1}{M}.$$

Dieses Übersetzungsverhältnis hat auch Gültigkeit für die Spannungen, denn es bestehen im Leerlauf die Beziehungen

$$\mathfrak{U}_1 = j \cdot \omega \cdot L_1 \cdot \mathfrak{J}_{10},$$
$$\mathfrak{U}_2 = -j \cdot \omega \cdot M \cdot \mathfrak{J}_{10},$$
$$\mathfrak{U}_1 : \mathfrak{U}_2 = -L_1 : M.$$

---

[1] Hemmeter: Arch. f. Elektr., Bd. XV, S. 193.

Handelt es sich um die Berücksichtigung des primären Ohmschen Widerstandes in Spannungsgleichungen die nur formal umgeformt werden müssen, dann ist es zulässig, das Übersetzungsverhältnis durch Impedanzen und Wechselreaktanzen auszudrücken.

Man hat demnach zu setzen

$$u = \frac{\mathfrak{z}}{\mathfrak{m}}.$$

Zurückkommend auf die Gleichungen (4) und (5) erkennt man nun, daß das Übersetzungsverhältnis u sich ausdrückt durch

$$u = \frac{\mathfrak{Z}_1}{\mathfrak{M}}.$$

Das Verhältnis des sekundären Stromes $\mathfrak{J}_2$ zum Kompensationsstrom $\mathfrak{J}_2'$ kann jetzt wie folgt dargestellt werden

$$\frac{\mathfrak{J}_2}{\mathfrak{J}_2'} = -\frac{\mathfrak{Z}_1}{\mathfrak{M}}.$$

Entfernt man nun den Strom $\mathfrak{J}_2$ aus den Gleichungen (4) und (5) mit dieser Beziehung, und eliminiert ferner den Strom $\mathfrak{J}_1$ aus der Gleichung (4) mit Hilfe der Gleichung (5), dann gewinnt man die Gleichung

$$\mathfrak{J}_2' = \mathfrak{U}_1 \cdot \frac{\mathfrak{M}^2}{\mathfrak{Z}_1^2} \cdot \frac{1}{\left(\mathfrak{Z}_2 - \dfrac{\mathfrak{M}^2}{\mathfrak{Z}_1}\right)}. \tag{6}$$

Damit ist die gesuchte Gleichung aufgestellt.

Die Betrachtung der Gleichung (6) läßt erkennen, daß der Strom $\mathfrak{J}_2'$ infolge der Spannung $\frac{\mathfrak{U}_1}{u^2}$ durch die Impedanz $\left(\mathfrak{Z}_2 - \dfrac{\mathfrak{M}^2}{\mathfrak{Z}_1}\right)$ fließt. Bevor diese Gleichung geometrisch gedeutet werden kann, ist zu untersuchen, welche Größen in derselben veränderlich sind. Man erinnert sich daran, daß als einziger Widerstand der Ohmsche Widerstand R_2 der Rotorwicklung als Variable in den Gleichungen (1), (2) u. (3) auftritt. Sieht man die Zusammenstellung über die Bedeutung der Größen $\mathfrak{Z}_1$, $\mathfrak{Z}_2$, $\mathfrak{M}$ an, dann bemerkt man, daß also nur die Größe $\mathfrak{Z}_2$ veränderlich ist, und zwar nur ein Teil der reellen Komponente y_2. Ist man sich hierüber klar, dann ist es ein leichtes die Ortskurve von $\mathfrak{J}_2'$ zu erkennen. Allerdings ist es dazu notwendig die Kreisgleichung in symbolischer Darstellung, d. h. mit komplexen Zahlen, zu kennen. Der Leser findet diesbezüglich das zum Verständnis notwendige im Anhang dieser Arbeit.

Der in der Gleichung (6) vorkommende Faktor

$$\frac{1}{\left(\mathfrak{Z}_2 - \dfrac{\mathfrak{M}^2}{\mathfrak{Z}_1}\right)}$$

kann, wie man leicht erkennt, auf die Form gebracht werden

$$\frac{1}{\mathfrak{A} + R_0 \cdot p}.$$

Hierin ist $\mathfrak{A}$ eine komplexe Zahl, R_0 der Einheitswert des Ohmschen Widerstandes R_2 und p ein Parameter. Dieser Ausdruck stellt einen Kreis dar, welcher gemäß den im Anhang dieser Arbeit gemachten Betrachtungen durch den Ursprung geht, d. h. durch den Koordinaten-Nullpunkt. Dieser Kreis wird konstruiert, indem man zunächst die Gerade

$$\mathfrak{A} + R_0 \cdot p$$

darstellt, hierauf das Spiegelbild dieser Geraden in bezug auf die reelle Achse abbildet, und dann den Einheitskreis um den Koordinaten-Nullpunkt schlägt. Die Schnittpunkte dieses Einheitskreises mit der spiegelbildlichen Geraden, sowie der Koordinaten-Nullpunkt gehören dem durch den Ausdruck

$$\frac{1}{\left(\mathfrak{Z}_2 - \dfrac{\mathfrak{M}^2}{\mathfrak{Z}_1}\right)}$$

dargestellten Kreise an, wodurch dieser Kreis festliegt. Gemäß der Gleichung (6) ist dieser Ausdruck noch mit dem Faktor

$$\mathfrak{U}_1 \cdot \frac{\mathfrak{M}^2}{\mathfrak{Z}_1^2}$$

zu multiplizieren. Sieht man $\mathfrak{U}_1$ als Bezugsvektor an, dann erfährt der bereits beschriebene Kreis durch diese Multiplikation eine Größenänderung und eine Verdrehung nach Maßgabe der komplexen Größe

$$\frac{\mathfrak{M}^2}{\mathfrak{Z}_1^2} \cdot$$

Es ist nun zu beachten, daß der Kreis

$$\frac{1}{\left(\mathfrak{Z}_2 - \dfrac{\mathfrak{M}^2}{\mathfrak{Z}_1}\right)}$$

symmetrisch zur imaginären Achse liegt, weil die Gerade

$$\mathfrak{A} + R_0 \cdot p$$

infolge des Wegfalles der imaginären Komponente des Gliedes mit dem Parameter p eine Parallele zur reellen Achse ergibt. Durch die Multiplikation mit der Größe

$$\frac{\mathfrak{M}^2}{\mathfrak{Z}_1^2}$$

wird daher der Durchmesser des anfänglichen Kreises um das Argument dieser Größe von der imaginären Achse weggedreht. Will man also die Richtung des Durchmessers des gesuchten Kreises festlegen, dann ist diese Verdrehung zu bestimmen. Um die Größe des Durchmessers zu erhalten, hat man wie folgt zu überlegen. Da der Kreis durch den Ursprung geht, d. h. durch den Fußpunkt des Stromvektors $\mathfrak{J}_2'$, stimmt die Größe des Kreisdurchmessers mit dem größtmöglichsten Betrage des Vektors $\mathfrak{J}_2'$ überein. Der größte Betrag des Stromvektors $\mathfrak{J}_2'$ stellt sich bei einem kleinsten Wert der Impedanz

$$\left(\mathfrak{Z}_2 - \frac{\mathfrak{M}^2}{\mathfrak{Z}_1}\right)$$

ein. (Siehe Gleichung (6).) Dieser Ausdruck weist seinen kleinsten Wert auf, wenn infolge der Variation des Ohmschen Widerstandes R_2 der reelle Teil der Impedanz Null wird, also nur noch den Wert der imaginären Komponente aufweist.

Es sei vorerst der Winkel, um den der Kreisdurchmesser gegenüber der imaginären Achse verdreht ist, bestimmt; hierauf soll die Größe des Kreisdurchmessers berechnet werden.

Das Argument der komplexen Größe $\dfrac{\mathfrak{M}^2}{\mathfrak{Z}_1^2}$ ist gleich dem doppelten Betrage des Argumentes von $\dfrac{\mathfrak{M}}{\mathfrak{Z}_1}$. Um das Argument von dieser Größe zu finden, hat man die Koeffizienten $\mathfrak{M}$ und $\mathfrak{Z}$ durch ihre Bestimmungswerte auszudrücken, wodurch man erhält

$$\frac{M}{\mathfrak{Z}_1} = \frac{R_3 \cdot \dfrac{\omega^2 \cdot M_{13} \cdot M_{23}}{R_3^2 + \omega^2 \cdot L_3^2} + j \cdot \omega \cdot \left(M_{12} - L_3 \cdot \dfrac{\omega^2 \cdot M_{13} \cdot M_{23}}{L_3^2 + \omega^2 L_3^2} \right)}{R_1 + R_3 \cdot \dfrac{\omega^2 \cdot M_{13}^2}{R_3^2 + \omega^2 L_3^2} + j \cdot \omega \left(L_1 - L_3 \dfrac{\omega^2 \cdot M_{13}^2}{R_3^2 + \omega^2 L_3^2} \right)}.$$

Zwecks einfacher geometrischer Deutung dieses Quotienten werden die Zähler dieser Gleichung mit dem Betrage $M_{13} : M_{23}$ multipliziert, wodurch das Argument von $\dfrac{\mathfrak{M}}{\mathfrak{Z}_1}$ nicht geändert wird. Die Gleichsetzung lautet jetzt

$$\frac{\mathfrak{M} \cdot \dfrac{M_{13}}{M_{23}}}{\mathfrak{Z}_1} = \frac{R_3 \cdot \dfrac{\omega^2 \cdot M_{13}^2}{R_3^2 + \omega^2 L_3^2} + j \cdot \omega \cdot \left(M_{12} \cdot \dfrac{M_{13}}{M_{23}} - L_3 \cdot \dfrac{\omega^2 \cdot M_{13}^2}{R_3^2 + \omega^2 L_3^2} \right)}{R_1 + R_3 \cdot \dfrac{\omega^2 \cdot M_{13}^2}{R_3^2 + \omega^2 L_3^2} + j \cdot \omega \cdot \left(L_1 - L_3 \cdot \dfrac{\omega^2 \cdot M_{13}^2}{R_3^2 + \omega^2 \cdot L_3^2} \right)}.$$

Die graphische Wiedergabe dieses Ausdruckes findet sich in der Abb. 1. Der Winkel, gebildet von den Seiten

$$\mathfrak{Z}_1 \text{ und } \left(R_1 + R_3 \cdot \frac{\omega^2 \cdot M_{13}^2}{R_3^2 + \omega^2 L_3^2} \right),$$

ist mit φ_0 benannt, und stellt den Leerlaufswinkel dar, da im Leerlauf des allgemeinen Transformators gilt

$$\mathfrak{U}_1 = \mathfrak{I}_0 \cdot \mathfrak{Z}_1,$$

was aus der Gleichung (4) und den Beziehungen

$$\frac{\mathfrak{I}_2}{\mathfrak{I}_2'} = -\frac{\mathfrak{Z}_1}{\mathfrak{M}},$$

$$\mathfrak{I}_2' = (\mathfrak{I}_1 - \mathfrak{I}_0)$$

hervorgeht. Der in der Abb. 1 ersichtliche Winkel φ_e ist gewissermaßen

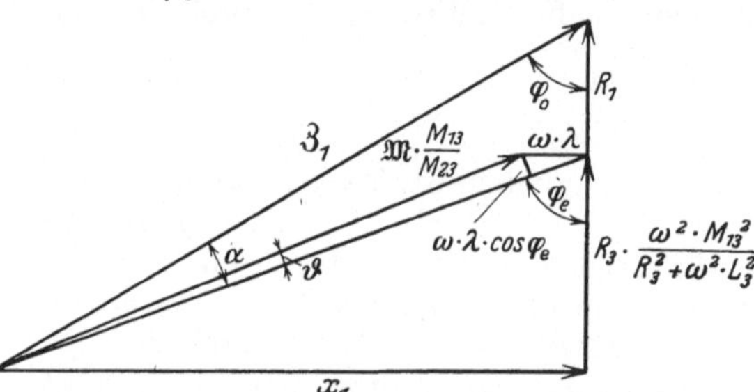

Abb. 1. Graphische Wiedergabe von $\dfrac{\mathfrak{M} \cdot \dfrac{M_{13}}{M_{23}}}{\mathfrak{Z}_1}$.

ein Bestandteil des Leerlaufswinkels φ_0. Hätte die Primärwicklung keinen Ohmschen Widerstand, also $R_1 = 0$, dann wäre $\varphi_0 = \varphi_e$.

In diesem Falle bestünde nur der in die dritte Wicklung verlegte Widerstand R_3, welcher die Eisenverluste des Stators berücksichtigt.

Wie man jetzt erkennt, hat die Größe $\mathfrak{Z}_1$ das Argument φ_0. Das Argument von $\mathfrak{M}$ ist in der Abb. 1 wohl ersichtlich, jedoch nicht einfach zu interpretieren. Bedenkt man aber, daß die mit $\omega \cdot \lambda$ bezeichnete Strecke in praktischen Fällen sehr klein ist, was noch gezeigt wird, dann darf mit hinreichender Genauigkeit das Argument von $\mathfrak{M}$ bzw. von $\mathfrak{M} \cdot \dfrac{M_{13}}{M_{23}}$ durch den Wert des Winkels φ_e ersetzt werden. Weil das Argument eines Quotienten gleich der Differenz der Argumente von Zähler und Nenner ist, ergibt sich als Argument für $\dfrac{\mathfrak{M}}{\mathfrak{Z}_1}$ der Wert

$$\alpha = \varphi_e - \varphi_0 \, .$$

Die gesuchte Verdrehung des Kreisdurchmessers aus der Richtung der imaginären Achse hat somit den Wert des Winkels $2\,\alpha$.

Die Größe des Kreisdurchmessers, sie sei mit d benannt, findet man, indem, wie bereits erwähnt wurde, der größte Betrag des Stromvektors $\mathfrak{J}_2'$ festgelegt wird. Der Höchstwert von $\mathfrak{J}_2'$ tritt auf, wenn die Impedanz $\left(\mathfrak{Z}_2 - \dfrac{\mathfrak{M}^2}{\mathfrak{Z}_1}\right)$ gleich der imäginären Komponente ist. Es ist daher in erster Linie diese Komponente zu bestimmen. Nach früherem drückt sich die zu untersuchende Impedanz aus durch

$$\left(\mathfrak{Z}_2 - \frac{\mathfrak{M}^2}{\mathfrak{Z}_1}\right) = y_2 + j \cdot x_2 - \frac{(y + j \cdot x)^2}{y_1 + j \cdot x_1} \, .$$

Die Trennung in reellen und imaginären Teil ergibt:

$$\text{Reeller Teil} + j \cdot \frac{x_2 \cdot y_1^2 - 2 \cdot x \cdot y \cdot y_1 + x_1 \cdot y^2 + x_1^2 \cdot x_2 - x_1 \cdot x^2}{y_1^2 + x_1^2} \, .$$

Das Minimum der Impedanz hat somit den Wert

$$\left(\mathfrak{Z}_2 - \frac{\mathfrak{M}^2}{\mathfrak{Z}_1}\right)_{\text{Minimum}} = \frac{x_2 \cdot y_1^2 - 2 \cdot x \cdot y \cdot y_1 + x_1 \cdot y^2 + x_1^2 \cdot x_2 - x_1 \, x^2}{y_1^2 + x_1^2} \, .$$

Unter Verwendung der Gleichung (6) lautet jetzt die Bestimmungsgleichung für den Kreisdurchmesser d

$$d = \frac{U_1}{\left|\dfrac{\mathfrak{Z}_1^2}{\mathfrak{M}^2}\right| \cdot \dfrac{x_2 \cdot y_1^2 - 2 \cdot x \cdot y \cdot y_1 + x_1 \cdot y^2 + x_1^2 \cdot x_2 - x_1 \cdot x^2}{y_1^2 + x_1^2}} \, .$$

Der Betrag der komplexen Größe $\dfrac{\mathfrak{Z}_1^2}{\mathfrak{M}^2}$ stellt sich dar durch

$$\left|\frac{\mathfrak{Z}_1^2}{\mathfrak{M}^2}\right| = \frac{y_1^2 + x_1^2}{y^2 + x^2} \, ,$$

womit die Durchmessergleichung übergeht in

$$d = \frac{U_1}{\dfrac{x_2 \cdot y_1^2 - 2\,x \cdot y \cdot y_1 + x_1 \cdot y^2 + x_1^2 \cdot x_2 - x \cdot x^2}{y^2 + x^2}} \, .$$

Der Nenner dieser Gleichung kann durch Umformung auf die Form

$$x_1 \cdot \frac{x^2}{y^2 + x^2}\left[\left(\frac{y}{x} - \frac{y_1}{x_1}\right)^2 + \left(\frac{x_1 \cdot x_2}{x^2} - 1\right) \cdot \left(\frac{y_1^2}{x_1^2} + 1\right)\right]$$

gebracht werden.

Betrachtet man die Abb. 1, dann erkennt man, daß der Quotient $\frac{y_1}{x_1}$ durch ctg φ_0 ersetzt werden kann, und daß sich mit großer Annäherung der Quotient $\frac{y}{x}$ durch ctg φ_e ausdrücken läßt, wobei allerdings der Winkel ϑ sehr klein sein muß, was ja noch nachgewiesen wird. Der Nenner der Durchmessergleichung geht infolge dieser trigonometrischen Beziehungen in die Form über

$$x_1 \cdot \frac{x^2}{y^2 + x^2}\left[\left(\frac{x_1 x_2}{x^2} - 1\right) \cdot \frac{1}{\sin^2 \varphi_0} + (\text{ctg } \varphi_e - \text{ctg } \varphi_0)^2\right].$$

Bedenkt man ferner, daß

$$\frac{x^2}{y^2 + x^2} = \sin^2 \varphi_e$$

und

$$(\text{ctg } \varphi_e - \text{ctg } \varphi_0) = \frac{\sin(\varphi_e - \varphi_0)}{\sin \varphi_e \cdot \sin \varphi_0}$$

ist, dann erkennt man die Richtigkeit der Schreibweise für den Nenner der Gleichung für d

$$x_1\left(\frac{x_1 \cdot x_2 - x^2}{x^2 + y^2} \cdot \frac{1}{\sin^2 \varphi_0} + \frac{\sin^2(\varphi_e - \varphi_0)}{\sin^2 \varphi_0}\right).$$

Die zur Abkürzung eingeführten Größen y, x, x_1 und x_2 müssen nun durch ihre Bestimmungsgrößen ersetzt werden. Hierbei treten die Koeffizienten der Selbstinduktion L_1, L_2, L_3 und der Gegeninduktion M_{12}, M_{13}, M_{23} wieder auf. Es erscheint als angezeigt, diese Koeffizienten soweit wie möglich mit Hilfe der totalen Streukoeffizienten τ_{12}, τ_{13}, τ_{23} aus dem Rechnungsgang zu eliminieren. Dies geschieht mittels den Beziehungen

$$1 + \tau_{12} = \frac{L_1 \cdot L_2}{M_{12}^2}, \qquad 1 + \tau_{13} = \frac{L_1 \cdot L_3}{M_{13}^2}, \qquad 1 + \tau_{23} = \frac{L_2 \cdot L_3}{M_{23}^2}.$$

Diese Beziehungen werden wie folgt gewonnen. Bedeutet τ_1 bzw. τ_2 den Teilstreukoeffizient der Primär- bzw. Sekundärwicklung, dann stellt sich der totale Streukoeffizient bekannterweise dar durch

$$\tau_{12} = \tau_1 + \tau_2 + \tau_1 \cdot \tau_2.$$

Die Teilstreukoeffizienten ergeben sich ihrerseits aus den Beziehungen

$$\tau_1 = \frac{\dfrac{L_1}{n_1} - \dfrac{M_{12}}{n_2}}{\dfrac{M_{12}}{n_2}}, \qquad \tau_2 = \frac{\dfrac{L_2}{n_2} - \dfrac{M_{12}}{n_1}}{\dfrac{M_{12}}{n_1}},$$

worin n_1 bzw. n_2 die Windungszahl der Primär- bzw. der Sekundärwicklung ist. Damit ist die Herkunft der zwischen den Induktions- und Streukoeffizienten bestehenden Beziehungen gezeigt.

Der bessern Übersicht wegen sei noch ein Winkel β mit der Bedeutung

$$\sin \beta = \frac{\omega \cdot L_3}{\sqrt{R_3^2 + \omega^2 \cdot L_3^2}}, \qquad \cos \beta = \frac{R_3}{\sqrt{R_3^2 + \omega^2 \cdot L_3^2}}$$

in die Entwicklung eingeführt. Nun möge der Nenner der Gleichung für d weiter umgeformt werden. Der in diesem Nenner enthaltene Faktor

$$\frac{x_1 \cdot x_2 - x^2}{x^2 + y^2}$$

kann jetzt dargestellt werden durch

$$\frac{L_1 \cdot L_2 \cdot \left(1 - \frac{\sin^2 \beta}{1 + \tau_{13}}\right) \cdot \left(1 - \frac{\sin^2 \beta}{1 + \tau_{23}}\right) - M_{12}^2 \left(1 - \frac{\sqrt{1 + \tau}}{\sqrt{(1 + \tau_{13}) \cdot (1 + \tau_{23})}} \cdot \sin^2 \beta\right)^2}{M_{12}^2 \cdot \left(1 - \frac{\sqrt{1 + \tau}}{\sqrt{(1 + \tau_{13}) \cdot (1 + \tau_{23})}} \cdot \sin^2 \beta\right)^2 + \frac{L_1 \cdot L_2}{\sqrt{(1 + \tau_{13}) (1 + \tau_{23})}} \cdot \sin^2 \beta \cdot \cos^2 \beta} = k.$$

Eine wesentliche Vereinfachung dieses etwas kompliziert aufgebauten Quotienten ist bei ganz geringfügigen Vernachlässigungen möglich, die darin bestehen, daß einerseits infolge der Kleinheit der Streufaktoren im Vergleich zu 1 gesetzt wird

$$\frac{1}{1 + \tau_{13}} \simeq 1 - \tau_{13}, \qquad \frac{1}{1 + \tau_{23}} = 1 - \tau_{23}, \qquad \frac{1}{\sqrt{1 + \tau_{13}}} \simeq 1 - \frac{\tau_{13}}{2}, \quad \text{usw.}$$

und daß anderseits die sich ergebenden Produkte gebildet aus drei Streufaktoren unterdrückt werden. Bedenkt man noch, daß an Stelle von $\cos^2 \beta$ auch $1 - \sin^2 \beta$ gesetzt werden kann, dann wird man zur vereinfachten Darstellung der mit der Abkürzung k bezeichneten Größe geführt, welche lautet

$$k \simeq \frac{\tau_{12} - \left(\tau_{12} - \frac{\tau_{13} \cdot \tau_{23}}{2} - \tau_{12} \cdot \frac{\tau_{13} + \tau_{23}}{2}\right) \cdot \sin^2 \beta}{1 - \left(1 - \frac{\tau_{13} + \tau_{23}}{2} + \frac{\tau_{13} \cdot \tau_{23}}{4}\right) \cdot \sin^2 \beta}.$$

Für den Nenner der Durchmessergleichung kann nach diesen Entwicklungen der Ausdruck

$$\frac{x_1}{\sin^2 \varphi_0} \left(k + \sin^2 (\varphi_e - \varphi_0)\right)$$

angeschrieben werden, worin der Wert von k die im obigen festgelegte Bedeutung hat.

Um auch noch die Größe x_1 aus diesem Ausdruck zu entfernen, wird die sich aus der Abb. 1 ergebende Beziehung

$$\sin \varphi_0 = \frac{x_1}{3_1}$$

benutzt. Die Gleichung für den Kreisdurchmesser d erhält nun die Form

$$d = \frac{U_1 \cdot \sin \varphi_0}{Z_1 \cdot (k + \sin^2 (\varphi_e - \varphi_0))}.$$

Bedenkt man, daß im Leerlauf des allgemeinen Transformators die Spannungsgleichung

$$\mathfrak{U} = \mathfrak{J}_0 \cdot \mathfrak{Z}_1$$

besteht, dann erkennt man, daß der Durchmesser d auch dargestellt werden kann durch die Gleichung

$$d = \frac{\mathfrak{J}_0 \cdot \sin \varphi_0}{k + \sin^2(\varphi_e - \varphi_0)}.$$

Die Lage des durch die Gleichung (6) dargestellten Kreises ist nun bestimmt. Der Kreis muß durch den Fußpunkt des Stromvektors $\mathfrak{J}_2'$ gehen, der Kreisdurchmesser ist um den Betrag des Winkels $2 \cdot \alpha$ aus der Richtung der imaginären Achse herausgedreht, und die Größe des Durchmessers kann aus der obigen Gleichung berechnet werden. Daß diese Berechnung sehr mühsam wäre, braucht infolge des komplizierten Aufbaues der Größe k nicht näher begründet zu werden. Es besteht somit das Bestreben, die Größe k noch mehr zu vereinfachen, und es bietet sich hierfür auch die Möglichkeit. Kehrt man zurück zur Abb. 1 zwecks näherer Deutung des Winkels β, dann ergibt sich folgendes. Die aus der Abb. 1 ersichtliche Beziehung

$$\operatorname{ctg} \varphi_e = \frac{R_3 \cdot \dfrac{\omega^2 \cdot M_{13}^2}{R_3^2 + \omega^2 \cdot L_3^2}}{\omega \cdot \left(L_1 - L_3 \cdot \dfrac{\omega^2 \cdot M_{13}^2}{R_3^2 + \omega^2 \cdot L_3^2}\right)}$$

läßt sich derart zulässig vereinfachen, daß der Winkel β in bezug auf seine Größe leicht erfaßt werden kann. Setzt man nämlich $L_1 = L_3 = M_{13}$, d. h. die Primärwicklung hat gleichviel Windungen wie die auf dem Stator liegende dritte Wicklung, und die Streuung zwischen diesen beiden Wicklungen werde vernachlässigt, was, wie im kommenden noch gezeigt wird, nur ein ganz unbedeutender Fehler ist, dann vereinfacht sich die eben notierte Winkelbeziehung zu

$$\operatorname{ctg} \varphi_e = \frac{\omega \cdot L_3}{R_3}.$$

Bildet man aus den im obigen angeschriebenen Ausdrücken für $\sin \beta$ und $\cos \beta$

$$\operatorname{tg} \beta = \frac{\omega \cdot L_3}{R_3},$$

dann bemerkt man die Gleichheit

$$\operatorname{ctg} \varphi_e = \operatorname{tg} \beta,$$

woraus auch die Gleichsetzung

$$\cos \varphi_e = \sin \beta$$

hervorgeht. Mit Hilfe dieser Gleichung und der Kenntnis der Größe von $\cos \varphi_e$ ausgeführter Maschinen läßt sich auf die Größe von $\sin \beta$ und auch von $\sin^2 \beta$, welches im Ausdrucke für k auftritt, schließen. Ausgeführte Motoren weisen einen $\cos \varphi_e$ auf, der im schlimmsten Fall den Wert von 0,3 nicht überschreitet. Hieraus folgt, daß $\sin^2 \beta$ höchstens den Wert 0,09 annimmt, im allgemeinen aber wesentlich tiefer ausfällt. Es erscheint daher gerechtfertigt, wenn die Glieder im Zähler des die Größe k darstellenden Quotienten, welche Produkte von Streufaktoren aufweisen, unterdrückt werden, und ebenso die Glieder des Nenners, die Streufaktoren besitzen. Dies deshalb, weil das Hauptgewicht im Zähler auf τ_{12} und im Nenner auf 1 liegt. Auf diese Weise erhält man für k

$$k \cong \frac{\tau_{12} - \tau_{12} \cdot \sin^2 \beta}{1 - \sin^2 \beta} = \tau_{12} \, .$$

Der Kreisdurchmesser d berechnet sich unter diesen Umständen aus der einfachen Gleichung

$$d = \frac{\mathfrak{J}_0 \cdot \sin \varphi_0}{\tau_{12} + \sin^2 \alpha} \, . \tag{7}$$

Hierbei ist der Winkel $(\varphi_e - \varphi_0)$ durch den bereits eingeführten Winkel α ersetzt.

Nachzuweisen ist noch, daß die in der Abb. 1 auftretende Strecke $\omega \cdot \lambda$ oder der an diese Strecke gebundene Winkel ϑ äußerst geringfügig ist. Um diesen Nachweis zu liefern, schlägt man den folgenden Weg ein. Aus der Abb. 1 läßt sich die Beziehung

$$\mathrm{tg}\,\vartheta = \frac{\omega \cdot \lambda \cdot \cos \varphi_e}{\dfrac{x_1}{\sin \varphi_e} - \omega \cdot \lambda \cdot \sin \varphi_e}$$

herauslesen. Ersetzt man hierin die Größe x_1 durch ihren Bestimmungswert, dann erhält man für $\mathrm{tg}\,\vartheta$

$$\mathrm{tg}\,\vartheta = \frac{\omega \cdot \lambda \cdot \cos \varphi_e \cdot \sin \varphi_e}{\omega \cdot L_1 - \omega \cdot L_3 \cdot \dfrac{\omega^2 M_{13}^2}{R_3^2 + \omega^2 L_3^2} - \omega \cdot \lambda \cdot \sin^2 \varphi_e} \, .$$

Eliminiert man im Nenner dieses Ausdruckes die ersten beiden Glieder mittels der im obigen angeschriebenen Beziehung für $\mathrm{ctg}\,\varphi_e$, dann findet man für $\mathrm{tg}\,\vartheta$

$$\mathrm{tg}\,\vartheta = \frac{\omega \cdot \lambda \cdot \cos^2 \varphi_e}{R_3 \cdot \dfrac{\omega^2 \cdot M_{13}^2}{R_3^2 + \omega^2 L_3^2} - \omega \cdot \lambda \cdot \cos \varphi_e \cdot \sin \varphi_e} \, .$$

Sowohl im Zähler als im Nenner des den $\mathrm{tg}\,\vartheta$ darstellenden Quotienten tritt die Strecke $w \cdot \lambda$ auf. Diese Größe kann, wie aus der Abb. 1 hervorgeht, ausgedrückt werden durch

$$\omega \cdot \lambda = \omega \cdot \left(L_1 - M_{12} \cdot \frac{M_{13}}{M_{23}} \right) \, .$$

Unter Verwendung der bereits im obigen benutzten Beziehungen

$$1 + \tau_{12} = \frac{L_1 \cdot L_2}{M_{12}^2}, \qquad 1 + \tau_{13} = \frac{L_1 \cdot L_3}{M_{13}^2}, \qquad 1 + \tau_{23} = \frac{L_2 \cdot L_3}{M_{23}^2}$$

geht der eben notierte Ausdruck für die Strecke $w \cdot \lambda$ über in

$$\omega \cdot \lambda = \omega \cdot L_1 \cdot \left(1 - \frac{\sqrt{1 + \tau_{23}}}{\sqrt{1 + \tau_{12}} \cdot \sqrt{1 + \tau_{13}}} \right) \, .$$

Bevor jedoch dieser Wert für $w \cdot \lambda$ in die Gleichung für den tg ϑ eingesetzt werde, sei $w \cdot \lambda$ weiter vereinfacht. Dies ist möglich, wie aus einer nähern Betrachtung der Streuverhältnisse der drei Wicklungen des allgemeinen Transformators hervorgeht.

Die dritte Wicklung die zur Unterbringung der Eisenverluste des Stators eingeführt wurde, und dem Statoreisen wie eine Membran dicht aufliegt, weist gegen die Rotorwicklung den totalen Streukoeffizienten τ_{23} auf. Die eigentliche Statorwicklung hat gegenüber der Rotorwicklung den totalen Streukoeffizienten τ_{12}. Durch das Verschieben der Statorwicklung an den Ort der dritten Wicklung wird der totale Streukoeffizient τ_{12} nur unbedeutend ändern, so daß für die vorliegende Untersuchung ohne Bedenken gesetzt werden darf

$$\tau_{12} \cong \tau_{23}.$$

Nimmt man an, daß nur die Statorwicklung Strom führt, dann erkennt man, daß die in Luft verlaufenden Kraftlinien als Streulinien gegenüber der dritten Wicklung gelten. Schätzungsweise dürfen diese Streulinien wohl als die Hälfte der Streulinien, welche die Stator- gegenüber der Rotorwicklung aufweist, angenommen werden. Ist statt der Stator- nur die dritte Wicklung vom Strome durchflossen, dann sind gegen die Statorwicklung keine Streulinien denkbar, denn infolge der getroffenen Anordnung der dritten Wicklung kann es keine nur in Luft verlaufenden Kraftlinien geben. Analytisch stellt sich diese Überlegung folgendermaßen dar. Sind τ'_{13} und τ''_{13} die Teilstreukoeffizienten der Anordnung Primärwicklung — dritte Wicklung, dann gilt

$$(1 + \tau'_{13})(1 + \tau''_{13}) = 1 + \tau_{13}.$$

Da τ''_{13} Null ist, und $\tau'_{13} \cong \dfrac{\tau'_{12}}{2}$, erhält man

$$\tau_{13} \cong \frac{\tau'_{12}}{2}.$$

Bedeuten ferner τ'_{12} und τ''_{12} die Teilstreukoeffizienten der Anordnung Primärwicklung-Sekundärwicklung, so ist

$$(1 + \tau'_{12}) \cdot (1 + \tau''_{12}) = 1 + \tau_{12}.$$

Bekannterweise gilt

$$\tau'_{12} \cong \tau''_{12},$$

womit die Beziehung gewonnen wird

$$2 \cdot \tau'_{12} \cong \tau_{12}.$$

Gemäß den angeschriebenen Beziehungen zwischen den totalen und partiellen Streukoeffizienten ergibt sich jetzt

$$\tau_{13} \cong \frac{\tau_{12}}{4}.$$

Führt man in dem Ausdruck für $w \cdot \lambda$, welcher die Streufaktoren τ_{12}, τ_{13}, τ_{23} enthält, die eben festgestellten Verhältnisse der Streufaktoren ein, dann erhält man für $w \cdot \lambda$ die Beziehung

$$\omega \cdot \lambda \cong \omega \cdot L_1 \left(1 - \frac{2}{\sqrt{4 + \tau_{12}}}\right).$$

Verwendet man diesen Ausdruck zur Darstellung der Größe $w \cdot \lambda$ in der Gleichung für $\operatorname{tg} \vartheta$, dann läßt sich schreiben

$$\operatorname{tg} \vartheta = \frac{\omega \cdot L_1 \left(1 - \frac{2}{\sqrt{4 + \tau_{12}}}\right) \cdot \cos^2 \varphi_e}{R_3 \cdot \frac{\omega^2 M_{13}^2}{R_3^2 + \omega^2 L_3^2} - \omega \cdot L_1 \left(1 - \frac{2}{\sqrt{4 + \tau_{12}}}\right) \cdot \cos \varphi_e \cdot \sin \varphi_e}.$$

Bevor die Größe des Winkels ϑ eingegrenzt werden kann, ist das im Nenner dieses Ausdruckes auftretende Glied

$$R_3 \cdot \frac{\omega^2 \cdot M_{13}^2}{R_3^2 + \omega^2 L_3^2}$$

zulässig zu vereinfachen. Aus den früheren Betrachtungen über den Winkel β geht hervor, daß $w \cdot L_3$ einigemal kleiner ausfällt als R_3, weshalb gesetzt werden darf

$$R_3 \cdot \frac{\omega^2 \cdot M_{13}^2}{R_3^2 + \omega^2 L_3^2} \cong \frac{\omega^2 \cdot M_{13}^2}{R_3}.$$

Durch die Einführung des totalen Streukoeffizienten τ_{13} gewinnt man die Gleichsetzung

$$\frac{\omega^2 \cdot M_{13}^2}{R_3} = \frac{\omega^2 \cdot L_1 \cdot L_3}{R_3(1 + \tau_{13})},$$

und da, wie bereits nachgewiesen wurde, τ_{13} etwa viermal kleiner als τ_{12} ist, kann ohne Bedenken weiter gesetzt werden

$$\frac{\omega^2 \cdot L_1 \cdot L_3}{R_3(1 + \tau_{13})} \cong \frac{\omega \cdot L_3}{R_3} \cdot \omega \cdot L_1.$$

Unter Berücksichtigung dieser Umstände ergibt sich die folgende Ausdrucksart für den Winkel ϑ

$$\operatorname{tg} \vartheta = \frac{\left(1 - \frac{2}{\sqrt{4 + \tau_{12}}}\right) \cdot \cos^2 \varphi_e}{\frac{\omega \cdot L_3}{R_3} - \left(1 - \frac{2}{\sqrt{4 + \tau_{12}}}\right) \cdot \cos \varphi_e \cdot \sin \varphi_e}.$$

Setzt man wiederum $L_1 = L_3 = M_{13}$, dann besteht, wie bereits im früheren gezeigt wurde, die Beziehung

$$\operatorname{ctg} \varphi_e = \frac{\omega \cdot L_3}{R_3}.$$

Die endgültige Gleichung für den Winkel ϑ lautet somit

$$\operatorname{tg} \vartheta = \frac{\left(1 - \frac{2}{\sqrt{4 + \tau_{12}}}\right) \cdot \cos \varphi_e \cdot \sin \varphi_e}{1 - \left(1 - \frac{2}{\sqrt{4 + \tau_{12}}}\right) \cdot \sin^2 \varphi_e}.$$

Diese Gleichung läßt erkennen, daß, wenn der totale Streukoeffizient $\tau_{12} = 0$ ist, oder der Winkel $\varphi_e = 90^0$ beträgt, der Winkel ϑ zu Null wird. Dies gilt auch, wenn $\tau_{12} = 0$ und zugleich $\varphi_e = 90^0$ ist. Nimmt man für cos φ_e den extrem hohen Wert $= 0,3$ und für den Streukoeffizienten τ_{12} ebenfalls den selten großen Wert $= 0,1$ an, was in praktischen Fällen kaum vorkommen dürfte, dann ergibt sich für den Winkel ϑ immer noch der geringfügige Wert von 12 Minuten. Da im allgemeinen sowohl der Wert für cos φ_e als auch für τ_{12} wesentlich kleiner als eben angenommen ausfällt, erkennt man mit Hilfe der Gleichung für ϑ, daß die im obigen gemachte Vernachlässigung der Strecke $w \cdot \lambda$ und des mit ihr verbundenen Winkels ϑ absolut zulässig war.

Die Konstruktion des genauen Kreisdiagrammes des allgemeinen Transformators erfolgt gemäß den bisherigen Betrachtungen in der

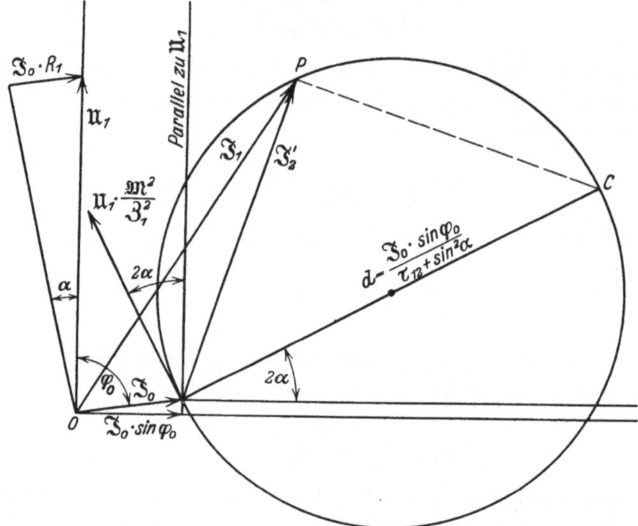

Abb. 2. Genaues Kreisdiagramm des allgemeinen Transformators.

folgenden einfachen Weise. Die Abb. 2 zeigt das Kreisdiagramm. Vom Punkt 0 ist in vertikaler Richtung mit dem Sinn nach oben der Spannungsvektor $\mathfrak{U}_1$ gezeichnet. Hierauf wurde der Leerlaufstrom $\mathfrak{J}_0$ unter dem Leerlaufwinkel φ_0 an den Vektor $\mathfrak{U}_1$ angetragen. Auf einer Parallelen zu der Richtung des Vektors $\mathfrak{J}_0$ durch die Spitze des Vektors $\mathfrak{U}_1$ ist die Ohmsche Spannung $\mathfrak{J}_0 \cdot R_1$ aufgetragen. Dadurch wird die Größe des Winkels α gewonnen. Vergleiche diesbezüglich die Abb. 1, und man bedenke, daß im Leerlauf gilt $\mathfrak{U}_1 = \mathfrak{J}_0 \cdot \mathfrak{Z}_1$. Da der Leerlaufstrom $\mathfrak{J}_0$, der Primärstrom $\mathfrak{J}_1$ und der Kompensationstrom $\mathfrak{J}_2'$ bei allen Belastungen ein Dreieck bilden müssen, weil stets gilt $\mathfrak{J}_2' = (\mathfrak{J}_1 - \mathfrak{J}_0)$, und der Fußpunkt des Vektors $\mathfrak{J}_2'$ einerseits mit der Spitze des Vektors $\mathfrak{J}_0$ eine Ecke des eben genannten Stromdreiecks bildet, und anderseits den Ursprung des Diagrammkreises darstellt, ergibt sich die Aufzeichnung des Kreises in der folgenden Weise. Durch die Spitze des

Vektors $\mathfrak{J}_0$ wird eine Horizontale gelegt, an die der Winkel $2 \cdot \alpha$ anzutragen ist. Der Durchmesser des Kreises schließt ja mit der Horizontalen diesen Winkel ein. Die Länge des Durchmessers d wird mittels der Gleichung (7) berechnet. Damit ist der geometrische Ort, auf dem die Spitzen der Stromvektoren $\mathfrak{J}_1$ und $\mathfrak{J}_2'$ bei Variation des Ohmschen Widerstandes R_2 sich bewegen, bereits bestimmt. Zur Berechnung des Kreisdurchmessers d ist die Kenntnis der Größe der Streuung τ_{12} erforderlich.

Wird der Durchmesser nicht mit Hilfe der Gleichung (7) bestimmt, dann hat man im Prüffeld irgendeinen Belastungspunkt P aufzunehmen. Der Kreisdurchmesser wird dann gefunden, indem man an den diesem Punkte P entsprechenden Kompensationsstrom $\mathfrak{J}_2'$ einen rechten Winkel anlegt, wodurch der Punkt C des Diagrammes erhalten wird. Der Leser erkennt, daß bei der experimentellen Ermittlung des Kreisdiagrammes die Aufnahme des Kurzschlußpunktes nicht notwendig ist.

2. Die Berechnung des Drehstrom-Asynchronmotors.

Die Verbesserungen, welche man am gewöhnlichen Asynchronmotor vornimmt, um einen kompensierten oder einen synchronisierten Asynchronmotor zu erhalten, bedingen einen Berechnungsgang für kompensierte oder synchronisierte Asynchronmotoren, der etwas von demjenigen für gewöhnliche Asynchronmotoren abweicht. Es ergeben sich auch einige kleinere zusätzliche Rechnungen infolge der Erregeranordnung, immerhin hat die Berechnung von kompensierten und synchronisierten Asynchronmotoren von der Berechnung des eigentlichen Asynchronmotors auszugehen. Hiermit soll zum Ausdruck gebracht werden, daß der Berechnungsingenieur, bevor er einen kompensierten oder synchronisierten Asynchronmotor zur Berechnung in Angriff nimmt, die Berechnung des gewöhnlichen Asynchronmotors kennen muß. Um den Leser, welcher sich in der Asynchronmotor-Rechnung nicht hinreichend auskennt, nicht auf die weitläufige Spezialliteratur verweisen zu müssen, ist dieser Abschnitt in den Rahmen des Buches eingefügt. Hierbei mußte, um dem Zweck des Buches gerecht zu werden, auf äußerste Kürze bei möglichster Wahrung der Durchsichtigkeit aller vorkommenden Bestimmungsgleichungen geachtet werden. Der Verfasser lehnt sich bei der Festlegung der Bestimmungsgleichungen an die von ihm in dem Buche „Der Drehstrom-Induktionsregler" aufgestellte Methode an.

Zuerst sollen die Bestimmungsgleichungen für den Durchmesser der Statorbohrung, den Luftspalt und die Seriestabzahl einer Statorphase hergeleitet werden. Die hierbei zur Verwendung gelangenden Größen haben die folgenden Bezeichnungen:

E_1 In einer Phase der Statorwicklung induzierte EMK
J_1 In einer Phase der Statorwicklung bei Vollast fließend Strom
J_m Magnetisierungsstrom
f Frequenz des Primärnetzes
p Polzahl des Asynchronmotors

D Durchmesser der Statorbohrung
b Breite des Statoreisens ohne Ventilationskanäle
$\mathfrak{d}$ Luftspaltweite
F_L Querschnitt des Luftfeldes pro Pol
d_{N_1} bzw. d_{N_2} Zahnkopfbreite eines Stator- bzw. Rotorzahnes
t_{N_1} bzw. t_{N_2} Stator- bzw. Rotornutteilung an der engsten Stelle
AS Amperestäbe pro 1 cm Statorbohrung
ϑ Arnoldscher Ampere-Stabs-Faktor
B_L Maximale Luftinduktion
z_1 Seriestabzahl einer Statorphase
c_1 Flußfaktor
k_1 Spulenfaktor
τ_1 Koeffizient der Nuten- und Spulenkopfstreuung des Stators
x' Prozentsatz des Magnetisierungsstromes J_m vom Statorstrom J_1
x'' Eisen-Ampere-Stabs-Faktor, welcher die Vergrößerung des Magnetisierungs-
      stromes zufolge der Eisen-Ampere-Stäbe in sich schließt
x Magnetisierungskonstante

Die Gleichung zur Bestimmung der in einer Statorphase induzierten EMK E_1 lautet bekannterweise

$$E_1 = 2{,}22 \cdot c_1 \cdot k_1 \cdot (1 + \tau_1) \cdot f \cdot z_1 \cdot F_L \cdot B_L \cdot 10^{-8}.$$

Aus dieser Gleichung findet man die Seriestabzahl z_1 einer Statorphase zu

$$z_1 = \frac{E_1 \cdot 10^8}{2{,}22 \cdot c_1 \cdot k_1 \cdot (1 + \tau_1) \cdot f \cdot F_L \cdot B_L}.$$

Durch die Multiplikation der beiden Seiten dieser Gleichung mit
$\frac{3}{\pi} \cdot \frac{J_1}{D}$ erhält man

$$\frac{3 \cdot z_1 \cdot J_1}{\pi \cdot D} = \frac{3 \cdot E_1 \cdot J_1 \cdot 10^8}{2{,}22 \cdot \pi \cdot c_1 \cdot k_1 \, (1 + \tau_1) \cdot f \cdot F_L \cdot D \cdot B_L}.$$

Man erkennt, daß die linke Seite dieser Gleichung die Amperestäbe
AS pro 1 cm Statorbohrung darstellen. Indem man den Luftquerschnitt F_L durch seinen Bestimmungsausdruck

$$F_L = \frac{2 \cdot b \cdot D}{2 \cdot p} \left(\frac{d_{N_1}}{t_{N_1}} + \frac{d_{N_2}}{t_{N_2}} \right)$$

ersetzt, nimmt die Ampere-Stabs-Gleichung die Form an

$$AS = \frac{2 \cdot p \cdot 3 \cdot E_1 \cdot J_1 \cdot 10^8}{2{,}22 \cdot \pi^2 \cdot c_1 \cdot k_1 \cdot (1 + \tau_1) \cdot f \cdot b \cdot D^2 \cdot B_L \cdot \left(\dfrac{d_{N_1}}{t_{N_1}} + \dfrac{d_{N_2}}{t_{N_2}} \right)}.$$

Bevor diese Gleichung weiter verwendet wird, sei sie zulässig ver-
einfacht. Der Faktor $\left(\frac{d_{N_1}}{t_{N_1}} + \frac{d_{N_2}}{t_{N_2}} \right)$ kann gleich 2 gesetzt werden, da
die Zahnkopfbreite d_{N_1} bzw. d_{N_2} nur unbedeutend von der Nuten-
teilung t_{N_1} bzw. t_{N_2} abweicht. Der Flußfaktor c_1 kann durch den Mittelwert 0,585 ersetzt werden, weil seine Abhängigkeit von der Nutenzahl
pro Pol und Phase nur geringfügig ist. Für den Spulenfaktor k_1 gilt
dasselbe wie für c_1, die Größe von k_1 beläuft sich im Mittel auf 0,96.
Bezüglich des Koeffizienten τ_1 der Nuten- und Spulenkopfstreuung
des Stators ist zu sagen, daß er mit der Polzahl und der Leistung des
Asynchronmotors nicht unwesentlich variiert. Infolge des Auftretens

von τ_1 in der Form $(1 + \tau_1)$ verliert die Variation dieses Koeffizienten τ_1 stark an Einfluß in bezug auf die Gleichung der Amperestäbe und man kann auch diesen Faktor durch einen Mittelwert ersetzen. Dieser Wert soll zu 1,06 angenommen werden, da τ_1 in den ungefähren Grenzen von 0,02 bis 0,1 variiert. Führt man alle diese Zahlenwerte in die obige Gleichung ein, dann erhält man

$$A S = \frac{p \cdot 3 \cdot E_1 \cdot J_1 \cdot 10^8}{13 \cdot f \cdot b \cdot D^2 \cdot B_L}.$$

Es soll nun der von Arnold auf Grund vieler Nachrechnungen an elektrischen Maschinen gefundene Ansatz

$$A S = \vartheta \sqrt{D}$$

in den Rechnungsgang eingeführt werden. Hierin bedeutet ϑ eine Konstante, welche jedoch von der Höhe der Spannung und der Breite des Motors beeinflußt wird. Nur in erster Annäherung kann gesagt werden, daß die Amperestäbe pro 1 cm Statorbohrung proportional der Wurzel aus dem Durchmesser der Statorbohrung sind. Sieht man die $A S$ eines Asynchronmotors näher an, dann erkennt man, daß dieselben von der Höhe der Spannung und der Breite des Stators abhängig sind. Hohe Spannungen bedürfen kräftiger Isolationen der Nuten. Die Folge hiervon ist, daß der Füllfaktor der Nute klein wird, d. h. die dicken Nutisolationen nehmen viel Raum ein, wodurch die Kupfermenge in den Nuten zurückgeht. Damit ist selbstverständlich eine Reduktion des Stromes verbunden, was dementsprechend die $A S$ verkleinert. Weiter muß zufolge der durch die dicken Nutisolationen verschlechterten Wärmeabfuhr die Stromdichte im Kupfer reduziert werden, was die $A S$ weiter verkleinert. Die Breite des Stators wirkt analog der soeben gemachten Überlegung auf die $A S$ ein. Asynchronmotoren mit relativ großen Eisenbreiten können weniger intensiv als solche mit verhältnismäßig kleinen Eisenbreiten gekühlt werden. Die Stromdichte muß daher um so mehr herabgesetzt werden, je breiter der Stator ausfällt, was wieder die $A S$ reduziert.

Durch Multiplikation der $A S$ mit Korrektionsfaktoren könnte den gemachten Überlegungen bezüglich des Einflusses der Spannung und der Breite des Stators auf die $A S$ Rechnung getragen werden. Diese Korrektionsfaktoren hätten den folgenden Aufbau

$$C_1 = 1 - a' \frac{E}{D},$$

$$C_2 = 1 - a''b.$$

Der Faktor C_1 berücksichtigt den Spannungseinfluß und der Faktor C_2 korrigiert den Einfluß der Breite. a' und a'' sind Konstanten, die natürlich zweckentsprechend gewählt werden müssen. Durch eine große Menge von Nachrechnungen hat sich der Aufbau dieser Korrektionsfaktoren ergeben. Die Einführung von C_1 und C_2 in die Ableitungen der Bestimmungsgleichungen für den Statordurchmesser, den Luftspalt und die Seriestabzahl hätte die Absicht dieses Abschnittes illusorisch gemacht. Man hätte statt übersichtlicher und einfacher Dimensionierungsformeln praktisch direkt unbrauchbare Ausdrücke erhalten. Hat man erst einmal die Hauptdaten eines Asynchronmotors mittels einfacher Formeln gerechnet, dann ist es nachträglich eine leichte Arbeit, die AS den besonderen Verhältnissen von Spannung und Eisenbreite anzupassen. Es erscheint daher als gerechtfertigt, die einfache Arnoldsche AS-Gleichung anzuwenden. ϑ ist der Tabelle am Ende dieses Abschnittes zu entnehmen.

Die Gleichsetzung der beiden für die Amperestäbe aufgestellten Ausdrücke liefert die Beziehung

$$b \cdot D^2 \sqrt{D} = \frac{p \cdot 3 \cdot E_1 \cdot J_1 \cdot 10^8}{13 \cdot \vartheta \cdot f \cdot B_L}.$$

Gelingt es nun noch, die Statorbreite b durch den Durchmesser der Statorbohrung zu ersetzen, dann ist eine Dimensionierungsformel für die Statorbohrung D gewonnen. Eine einfache Beziehung zwischen den Größen b und D existiert nun tatsächlich in der folgenden Form

$$b = \frac{\pi \cdot D}{p}.$$

Die rechte Seite dieser Gleichung stellt nichts anderes als die Länge eines Polbogens dar. Der Polbogen ist also der effektiven Eisenbreite des Stators gleich gesetzt, mit anderen Worten, die Polfläche hat quadratische Form. Maschinen mit quadratischen Polflächen sind in bezug auf Materialaufwand sehr günstig. Es erscheint daher als angezeigt, die Größe b in der obigen Gleichung durch den Wert $\frac{\pi \cdot D}{p}$ zu ersetzen. Durch diese Substitution gewinnt man eine Dimensionierungsformel für den Durchmesser der Statorbohrung, sie lautet

$$D = \sqrt[3,5]{\frac{p^2 \cdot E_1 \cdot J_1 \cdot 10^8}{13,5 \cdot \vartheta \cdot f \cdot B_L}}.$$

Zur Herleitung weiterer Dimensionierungsformeln soll der Magnetisierungsstrom J_m des Asynchronmotors herangezogen werden. Die Bestimmungsgleichung für diesen Strom lautet

$$J_m = \frac{p \cdot \mathfrak{b} \cdot B_L}{1{,}78 \cdot z_1}.$$

Dieser Ausdruck liefert jedoch die Größe des Magnetisierungsstromes, die notwendig ist zur Erzeugung der maximalen Luftinduktion B_L, im Falle, wenn das Stator- und Rotoreisen absolut widerstandslos für den Flußdurchgang ist. Dies trifft in Wirklichkeit natürlich nicht zu, weshalb der Magnetisierungsstrom J_m größer als gemäß der obigen Gleichung ausfällt. Um die etwas langwierige Bestimmungsart des eigentlichen Magnetisierungsstromes zu umgehen, empfiehlt es sich, einen Faktor der Gleichung für J_m anzugliedern, welcher den für das Eisen notwendigen Amperestäben Rechnung trägt. Dieser Faktor variiert je nach den Eisensättigungen, in den Grenzen von 1,5 bis 2,0, d. h. der wirkliche Magnetisierungsstrom ist etwa 50 bis 100% größer als der aus obiger Formel hervorgehende. Im weitern ist es von Vorteil für das Kommende, den Magnetisierungsstrom J_m in Prozenten des Statorstromes J_1 auszudrücken. Bei ausgeführten Asynchronmotoren variiert dieser Prozentsatz je nach der Größe und der Polzahl der Maschine von 20 bis 50%. Die wirkliche Größe des Magnetisierungsstromes drückt sich bei Berücksichtigung dieser Punkte aus durch

$$\frac{x'}{100} \cdot J_1 = \frac{p \cdot \mathfrak{b} \cdot B_L}{1{,}78 \cdot z_1} \cdot x''.$$

Stellt man die Magnetisierungskonstante x dar durch

$$x = \frac{x'}{100} \cdot \frac{1{,}78}{x''} = \frac{(20 \div 50)}{100} \cdot \frac{1{,}78}{(1{,}5 \div 2{,}0)},$$

dann kann man schreiben

$$\frac{B_L}{z_1} = \frac{x \cdot J_1}{p \cdot \mathfrak{b}}.$$

Damit ist eine erste Beziehung für die maximale Luftinduktion B_L und die Seriestabzahl z_1 einer Statorphase gefunden. Eine weitere Relation dieser Größen liefert die Gleichung der Stator-EMK E_1

$$E_1 = 2{,}22 \cdot c_1 \cdot k_1 \, (1 + \tau_1) \cdot f \cdot z_1 \cdot F_L \cdot B_L \cdot 10^{-8},$$

und zwar gewinnt man das Produkt aus Luftinduktion und Seriestabzahl, es lautet

$$z_1 \cdot B_L = \frac{E_1 \cdot 10^8}{2{,}22 \cdot c_1 \cdot k_1 \cdot (1 + \tau_1) \cdot f \cdot F_L}.$$

Ersetzt man die Fluß-, Spulen- und Streufaktoren sowie den Luftquerschnitt F_L durch die eingangs dieses Abschnittes aufgestellten Werte, dann ergibt sich die folgende Form für das Produkt $z_1 \cdot B_L$

$$z_1 \cdot B_L = \frac{p \cdot E_1 \cdot 10^8}{4{,}1 \cdot f \cdot \mathfrak{b} \cdot D}.$$

Macht man wieder quadratische Polflächen, d. h. die Eisenbreite b wird durch $\dfrac{\pi \cdot D}{p}$ ersetzt, dann geht diese Gleichung über in

$$z_1 \cdot B_L = \frac{p^2 \cdot E_1 \cdot 10^8}{12{,}9 \cdot f \cdot D^2}.$$

Die Ausdrücke für den Quotienten und das Produkt, gebildet aus der maximalen Luftinduktion B_L und der Seriestabzahl z_1 einer Statorphase gestatten die Berechnung dieser Größen selbst. Nach wenigen Umrechnungen erhält man

$$B_L = \frac{2800}{D} \cdot \sqrt{x \cdot \frac{p \cdot E_1 J_1}{f \cdot \mathfrak{b}}},$$

$$z_1 = \frac{2800 \cdot p \cdot E_1}{D} \cdot \sqrt{\frac{1}{x} \cdot \frac{p \cdot \mathfrak{b}}{f \cdot E_1 \cdot J_1}}.$$

Die erstere dieser beiden Gleichungen sei auch nach dem Durchmesser der Statorbohrung aufgelöst, um eine weitere Bestimmungsgleichung für D zu gewinnen.

$$D = \frac{2800}{B_L} \cdot \sqrt{x \cdot \frac{p \cdot E_1 \cdot J_1}{f \cdot \mathfrak{b}}}.$$

Substituiert man diese Gleichung in diejenige der Seriestabzahl z_1, dann besitzt man noch eine andere Bestimmungsgleichung für die Seriestabzahl z_1, sie lautet

$$z_1 = \frac{p \cdot \mathfrak{d} \cdot B_L}{x \cdot J_1}\,.$$

Setzt man die im obigen aufgestellten beiden Ausdrücke für die Berechnung des Durchmessers D einander gleich, dann erhält man eine Bestimmungsgleichung für den Luftspalt $\mathfrak{d}$, dieselbe lautet

$$\mathfrak{d} = 930 \cdot x \sqrt[7]{\frac{\vartheta^4 \cdot E_1^3 \cdot J_1^3}{p \cdot f^3 \cdot B_L^{10}}}\,.$$

Es ist zu beachten, daß der mit dieser Gleichung berechnete Luftspalt hin und wieder aus Gründen der praktischen Durchführbarkeit der Maschine etwas vergrößert werden muß.

Die in den Bestimmungsgleichungen für den Durchmesser der Statorbohrung, für den Luftspalt und für die Seriestabzahl einer Statorphase vorkommenden Größen B_L und x sind wie ϑ der Tabelle am Ende dieses Abschnittes zu entnehmen. In dieser Zusammenstellung finden sich auch die Werte für den Wirkungsgrad η und den Leistungsfaktor $\cos \varphi$, welche zur Ermittelung des Statorstromes J_1 nach der bekannten Gleichung

$$J_1 = \frac{736 \cdot PS}{3 \cdot E_1 \cdot \cos \varphi \cdot \eta}$$

notwendig sind. Hierbei bedeutet PS die Motorleistung in Pferd. Ferner ist die Kenntnis der Polzahl p erforderlich. Diese Zahl ergibt sich aus der Beziehung

$$p = \frac{120 \cdot f}{n}\,,$$

wobei n die synchrone Drehzahl des Rotors bedeutet.

Um die Seriestabzahl z_2 einer Rotorphase zu finden, benutzt man die bekannte Relation

$$\frac{z_1}{z_2} = \frac{E_1}{E_2} \cdot \frac{1}{(1 + \tau_1)}\,.$$

Hierin stellt E_2 die EMK einer Rotorphase bei stillstehendem Rotor und offener Rotorwicklung dar. Der Wert von E_2 wird so angenommen, daß einerseits die Isolation der Rotorwicklung keine Schwierigkeiten bereitet, und daß anderseits eine möglichst einfach auszuführende Wicklung zustande kommt. E_2 wird nicht höher wie etwa 500 Volt gewählt, meistens jedoch nur die Hälfte. Indem man an Stelle des Faktors $(1 + \tau_1)$ den Mittelwert 1,06 setzt, erhält man die vereinfachte Beziehung

$$\frac{z_1}{z_2} \simeq \frac{E_1}{E_2} \cdot 0{,}95\,.$$

Die aktive Eisenbreite des Stators geht aus der Gleichung

$$b = \frac{\pi \cdot D}{p}\,,$$

welche quadratische Polflächen bedingt, hervor.

Wählt man für den Stator m_1 Nuten pro Pol und Phase und für den Rotor m_2 Nuten pro Pol und Phase, dann schreibt sich die Statornutenzahl N_1

$$N_1 = 3 \cdot m_1 \cdot p$$

und die Rotornutenzahl N_2

$$N_2 = 3 \cdot m_2 \cdot p \, .$$

Die Wahl der Werte von m_1 und m_2 braucht etwas Erfahrung, damit in jeder Beziehung günstige Nutenverhältnisse erhalten werden. Die am häufigsten vorkommenden Werte der Nuten pro Pol und Phase sind je nach Polzahl 3, 4, 5 oder 6.

Nachdem die Hauptabmessungen des Stators, die Seriestabzahlen und Nutenzahlen des Stators und des Rotors ermittelt sind, geht man zur Berechnung der Nuten- bzw. Zahnformen sowie der Jochdimensionen über. Der den Asynchronmotor durchströmende magnetische Fluß ruft nach Maßgabe der Zahn- und Jochquerschnitte bestimmte magnetische Eisensättigungen hervor. Diese Eisensättigungen dürfen gewisse obere Grenzwerte nicht überschreiten, da ansonst die im Eisen sitzenden Hysteresisverluste die Isolation des Asynchronmotors in schädlichem Maße erhitzen würden. Es ist daher notwendig, die magnetischen Induktionen im Stator- und Rotoreisen nachzurechnen, insofern die Zahn- und Jochquerschnitte schon vorliegen. Anderseits kann man sagen, man muß diese Querschnitte, welche vom magnetischen Flusse durchströmt sind, so dimensionieren, daß die zulässigen Eiseninduktionen ihrem Werte nach nicht überschritten werden. Zur Berechnung des magnetischen Flusses benutzt man die Gleichung

$$E_1 = 2{,}22 \cdot k_1 \cdot (1 + \tau_1) \cdot f \cdot z_1 \cdot \Phi_L \cdot 10^{-8} \, .$$

Der Spulenfaktor k_1 hat im Mittel den Wert 0,96, der Koeffizient τ_1 der Nuten- und Spulenkopfstreuung des Stators weist den mittleren Wert 0,06 auf. Der magnetische Luftfluß, dessen Maximalwert Φ_L heiße, bestimmt sich daher aus der einfachen Beziehung

$$\Phi_L = \frac{E_1 \cdot 10^8}{2{,}22 \cdot f \cdot z_1} \, .$$

Kennt man den maximalen Luftfluß Φ_L des Leerlaufes (Rotorwicklung offen), dann kann man gemäß den folgenden Gesichtspunkten Gleichungen zur Bestimmung der Zahn- und Jochsättigungen herleiten. Betrachtet man den magnetischen Fluß des Stators und den Luftfluß, dann ersieht man, daß der Statorfluß gleich sein muß der Summe aus dem Luftfluß und dem Streufluß des Stators. Bezeichnet man mit Φ_1 den Höchstwert des Statorflusses und mit $\tau_1 \cdot \Phi_L$ den Maximalwert des Streuflusses des Stators, dann kann man setzen

$$\Phi_1 = \Phi_L (1 + \tau_1) \, .$$

Der Statorfluß Φ_1 kann auch in der folgenden Form geschrieben werden:

$$\Phi_1 = c_1 \cdot B_{z1} \cdot F_{z1} \, .$$

Hierin bedeutet c_1 den Flußfaktor, B_{z1} die maximale Zahninduktion an der engsten Stelle eines Statorzahnes und F_{z1} die kleinste Polfläche der Statorzähne. Eine analoge Darstellung des Luftflusses Φ_L lautet

$$\Phi_L = c_1 \cdot B_L' \cdot F_L \,.$$

F_L ist der Querschnitt des Luftflusses pro Pol. Bringt man den Statorfluß Φ_1 mittels des Jochquerschnittes F_{j1} des Stators und den Höchstwert der Jochinduktion B_{j1} im Stator zur Darstellung, dann heißt die diesbezügliche Flußgleichung

$$\Phi_1 = B_{j1} \cdot F_{j1} \,.$$

Der Flußfaktor c_1 tritt in dieser Beziehung natürlich nicht mehr auf, da die maximale Jochinduktion über dem ganzen Jochquerschnitte besteht. Ersetzt man die Flächen F_L, F_{z1} und F_{j1} in den obigen Gleichungen durch Ausdrücke, welche die entsprechenden Eisenabmessungen enthalten, dann erhält man die gesuchten Gleichungen der Eiseninduktionen. An Stelle der Fläche F_L kann man schreiben

$$F_L' = \frac{\pi \cdot b \cdot D}{p} \,,$$

für die Fläche F_{z1} kann gesetzt werden

$$F_{z1} = 3 \cdot m_1 \cdot l_{N1} \cdot b \cdot 0{,}9$$

und die Fläche F_{j1} wird ersetzt durch

$$F_{j1} = 2 \cdot h_{j1} \cdot b \cdot 0{,}9 \,.$$

Der Faktor 0,9 heißt Füllfaktor, er berücksichtigt die Verminderung des Eisenquerschnittes infolge der Beklebung der Bleche mit Papier. l_{N1} ist die Breite des Statorzahnes an seiner engsten Stelle und h_{j1} ist die Jochhöhe des Stators.

Der Maximalwert der Zahninduktion B_{z1} im Stator ergibt sich zu

$$B_{z1} = \frac{\Phi_L}{1{,}5 \cdot m_1 \cdot l_{N1} \cdot b} \,.$$

Der Flußfaktor c_1 wurde durch den Mittelwert 0,585 ersetzt. Für den Höchstwert der Jochinduktion B_{j1} im Stator erhält man

$$B_{j1} = \frac{\Phi_L}{1{,}71 \cdot h_{j1} \cdot b} \,.$$

Bei der Herleitung dieser Gleichungen wurde unberücksichtigt gelassen, daß der Fluß der Spulenkopfstreuung nur in der Luft verläuft. Der so entstandene Fehler ist aber recht klein.

Die Eisensättigungen im Rotoreisen sind nach analogen Formeln, wie sie für den Stator gelten, zu berechnen. Zu berücksichtigen ist, daß der Rotor nicht vom Flusse Φ_1, sondern nur vom Luftflusse Φ_L durchsetzt wird. Die maximale Zahninduktion B_{z2} im Rotor rechnet sich aus der Gleichung

$$B_{z2} = \frac{\Phi_L}{1{,}58 \cdot m_2 \cdot l_{N2} \cdot b} \,.$$

l_{N2} ist die kleinste Zahnbreite im Rotor. Den Höchstwert der Jochinduktion B_{j2} im Rotor erhält man aus der Gleichung

$$B_{j2} = \frac{\Phi_L}{1{,}8 \cdot h_{j2} \cdot b} \cdot$$

h_{j2} ist die Jochhöhe im Rotor.

Die Höchstwerte der Zahninduktionen im Stator und im Rotor sollen 18000 Gauß nicht wesentlich überschreiten, die maximalen Jochinduktionen im Stator und Rotor sollen nicht wesentlich mehr als 10000 Gauß betragen. Will man sicher sein, daß die Übertemperatur des Asynchronmotors nicht mehr wie 50^0 C ausmacht, dann tut man gut, eher etwas unterhalb der angegebenen Induktionen zu bleiben, als dieselben zu übersteigen. Hat man die kleinsten Zahnbreiten sowie die Jochhöhen berechnet, dann geht man zur Bestimmung der Nutdimensionen über.

Die Nutteilung t_{N1} am Zahnkopf der Statornutung ergibt sich aus der Beziehung

$$t_{N1} = \frac{\pi(D + 2 \cdot r_{N1})}{N_1} \cdot$$

r_{N1} bedeutet die Höhe des Zahnkopfes im Stator. Die Nutteilung t_{N2} am Zahngrund der Rotornutung liefert die Gleichung

$$t_{N2} = \frac{\pi[D - 2(b + h_{N2})]}{N_2} \cdot$$

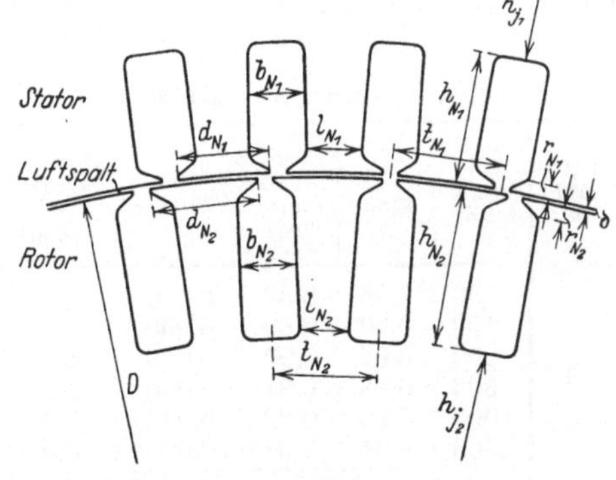

Abb. 3. Stator- und Rotornutung.

h_{N2} ist die Nutenhöhe im Rotor. Die Nuten- und Zahnabmessungen veranschaulicht die Abb. 3. Die Nutenbreiten ergeben sich nun aus den einfachen Relationen

$$b_{N1} = t_{N1} - l_{N1}$$
$$b_{N2} = t_{N2} - l_{N2} \cdot$$

Hierin stellt b_{N1} die Breite einer Statornute und b_{N2} die Breite einer Rotornute dar. Die Nutenhöhen sind nach den folgenden Überlegungen zu berechnen.

Die Zahl der Serieleiter pro Nute erhält man, indem man die bereits bestimmten Seriestabzahlen der Stator- und Rotorphase durch ein Drittel der entsprechenden Nutenzahl dividiert. Hat man die Leiterzahl einer Nute, dann ermittelt man den durch die zulässige Stromdichte bedingten Leiterquerschnitt. Die Größe der zulässigen Stromdichte pro 1 mm[1] Querschnitt ist der am Ende dieses Abschnittes beigefügten Tabelle zu entnehmen. Wird der Leiterquerschnitt infolge großer Stromstärken so groß, daß die praktische Ausführung der Wicklung Schwierigkeiten bereitet, dann unterteilt man den Leiter in parallel laufende Drähte oder Bänder, deren Querschnitt noch leicht gebogen werden kann. Man placiert die Drähte oder Bänder derart in der Nutenbreite, daß nebst etwas Spiel noch Raum für die Nutenisolation übrigbleibt. Die Dicke der Nutenisolation ist durch die Höhe der Betriebsspannung gegeben. Elektrisch parallel laufende Bänder dürfen sich direkt berühren, d. h. eine isolierende Zwischenlage fällt weg. Die Serieleiter sind natürlich isoliert zu verlegen. Die Nutenhöhe ergibt sich nun durch die Schichtung der notwendigen Draht- oder Bandlagen, sowie durch das Hinzufügen der Nutenisolation und einem Zuschlag von rund 10% der sich ergebenden Höhe zwecks Spiel und Ausbildung des Zahnkopfes. Bei hohen Spannungsdifferenzen zwischen den Draht- oder Bandlagen muß noch Raum für isolierende Zwischenlagen vorgesehen werden.

Den Außendurchmesser D_1 des Statoreisens erhält man aus der Summation

$$D_1 = D + 2(h_{N1} + h_{j1}).$$

Hierin bedeutet h_{N1} die Nutenhöhe im Stator.

Grundgrößen zur Berechnung von Asynchronmotoren.

Pol-zahl p	Lei-stung PS	Wir-kungs-grad η	Lei-stungs-faktor $\cos\varphi$	Streu-koeffizient τ	Strom-dichte j A/mm²	Magneti-sierungs-kon-stante x	Luftin-duktion B_L	Ampere-Windungs-faktor ϑ Spannung kleiner als Volt		
								500	2000	5000
4	50	0,88	0,88	0,070	4,5	0,30	6500	40	35	32
	100	0,90	0,89	0,060	4,3	0,30	6500	40	35	32
	200	0,92	0,90	0,055	4,0	0,29	7000	40	35	32
	500	0,93	0,91	0,050	3,7	0,27	7000	40	35	32
	1000	0,94	0,92	0,045	3,4	0,25	7500	40	35	32
	5000	0,96	0,94	0,030	3,0	0,20	7500	40	35	32
6	50	0,88	0,88	0,070	4,5	0,33	6500	37	32	29
	100	0,90	0,89	0,060	4,3	0,33	6500	37	32	29
	200	0,92	0,90	0,055	4,0	0,32	7000	37	32	29
	500	0,93	0,91	0,050	3,7	0,30	7000	37	32	29
	1000	0,94	0,92	0,045	3,4	0,28	7500	37	32	29
	5000	0,96	0,94	0,030	3,0	0,23	7500	37	32	29
8	50	0,88	0,87	0,075	4,5	0,35	6500	35	30	27
	100	0,90	0,88	0,070	4,3	0,35	6500	35	30	27
	200	0,92	0,89	0,060	4,0	0,34	7000	35	30	27
	500	0,93	0,90	0,055	3,7	0,32	7000	35	30	27
	1000	0,94	0,91	0,050	3,4	0,30	7500	35	30	27
	5000	0,96	0,93	0,035	3,0	0,25	7500	35	30	27
12	50	0,87	0,85	0,090	4,2	0,38	6000	32	27	24
	100	0,89	0,86	0,080	4,0	0,38	6500	32	27	24
	200	0,91	0,87	0,075	3,7	0,37	6500	32	27	24
	500	0,92	0,88	0,070	3,4	0,35	7000	32	27	24
	1000	0,93	0,89	0,060	3,0	0,32	7000	32	27	24
16	50	0,87	0,83	0,105	4,0	0,40	6000	30	25	22
	100	0,89	0,84	0,095	3,7	0,40	6500	30	25	22
	200	0,91	0,85	0,090	3,5	0,39	6500	30	25	22
	500	0,92	0,86	0,080	3,3	0,37	7000	30	25	22
	1000	0,93	0,87	0,075	3,0	0,34	7000	30	25	22

Die magnetische Zahninduktion soll den Wert 18000 und die magnetische Jochinduktion soll den Wert 10000 nicht wesentlich übersteigen.

Der Innendurchmesser D_2 des Rotoreisens ergibt sich wie folgt:

$$D_2 = D - 2(\mathfrak{d} + h_{N\,2} + h_{j\,2}),$$

$h_{N\,2}$ bezeichnet die Nutenhöhe im Rotor.

Bei 2- und 4-poliger Ausführung des Motors fällt der innere Rotordurchmesser D_2 infolge der sich ergebenden Abmessungen des aktiven Eisens so klein aus, daß das Rotorblech anstatt auf einen Rotorstern direkt auf die Welle des Motors aufgesetzt werden kann.

II. Der kompensierte Drehstrom-Asynchronmotor.

3. Das Wesen und die Art der Kompensation.

Der Produzent elektrischer Energie trachtet stets mehr nach der Entlastung der Leitungsnetze von den Blindströmen, um die Wirkleistung seines Netzes steigern zu können. Es wird daher die von den Konsumenten elektrischer Energie bezogene Scheinleistung heute zum Teil nach andern Gesichtspunkten berechnet als in früheren Jahren. Man interessiert den Konsumenten an der Verminderung der wattlosen Ströme dadurch, daß der Stromtarif bei Verringerung der Entnahme von Blindleistung aus dem Netze dem Verbraucher finanzielle Vorteile bietet. Der Abnehmer elektrischer Energie hat demzufolge das Bestreben, die in seinem Betrieb auftretenden wattlosen Ströme nach Möglichkeit klein zu halten. Ein wichtiges Mittel um dieses Ziel zu erreichen besteht in der Verbesserung des Leistungsfaktors der Asynchronmotoren, genannt die Kompensation der Asynchronmaschinen. Im folgenden sei der Weg, welcher zur Kompensation des Asynchronmotors führt, erläutert.

Das Vektordiagramm für einen beliebigen Belastungszustand des Asynchronmotors findet sich in der Abb. 4. Der Drehsinn der Vektoren ist im Gegenuhrzeigersinne angenommen. Die elektromotorische Kraft (EMK) der Primärwicklung ist mit $\mathfrak{E}_1$, diejenige der Sekundärwicklung ist mit $\mathfrak{E}_2 \cdot s$ bezeichnet. Der Faktor s bedeutet den Schlupf des Asynchronmotors. Im Leerlauf des Motors nimmt derselbe auf der Primärseite den Leerlaufsstrom $\mathfrak{J}_0$ auf, welcher der EMK $\mathfrak{E}_1$ um etwas

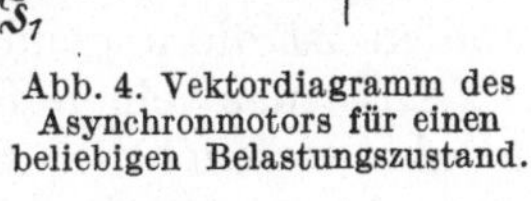

Abb. 4. Vektordiagramm des Asynchronmotors für einen beliebigen Belastungszustand.

mehr wie 90^0 voreilt. Die Wattkomponente dieses Stromes ist bekannterweise klein im Verhältnis zu dessen Blindkomponente. Belastet man den Asynchronmotor, dann führt die Sekundärwicklung den Strom $\mathfrak{J}_2$, der in der Primärwicklung den sogenannten Kompensationsstrom $\mathfrak{J}_2'$ bedingt. Der tatsächlich in der Primärwicklung fließende Strom $\mathfrak{J}_1$ ist die Resultante aus den Komponenten $\mathfrak{J}_0$ und $\mathfrak{J}_2'$. Es ist zu beachten, daß die Ströme $\mathfrak{J}_2$ und $\mathfrak{J}_2'$ nach dem Prinzip von Aktion und Reaktion in das Diagramm einzutragen sind. Was bei der vorliegenden Untersuchung interessiert, ist die Größe des Winkels φ, den der Strom $\mathfrak{J}_1$ mit der Klemmenspannung $\mathfrak{U}_1$ des Motors einschließt. Der Kosinus dieses Winkels stellt nämlich den Leistungsfaktor des Motors dar. Dieser Faktor ist ein Maß für den Blindstromverbrauch der Maschine. Der Vektor $\mathfrak{U}_1$ wird durch die Eintragung der Ohmschen- und Streu-EMK der Primärwicklung in das Diagramm gefunden. Die Größe R_1 bzw. x_1 bedeutet den Ohmschen Widerstand bzw. die Streureaktanz dieser Wicklung. Die Klemmenspannung auf der Sekundärseite des Motors ist Null, die EMK $\mathfrak{E}_2 \cdot s$ der Sekundärwicklung wird daher von der Ohmschen- und der Streu-EMK dieser Wicklung im Gleichgewicht gehalten. Der Ohmsche Widerstand bzw. die Streureaktanz sind sekundärseitig mit R_2 bzw. mit x_2 benannt. Zu beachten ist, daß der Ausdruck für die Streu-EMK der Sekundärseite den Schlupf s enthält.

Durch die Einführung einer fremden EMK in den Sekundärkreis der Maschine kann der Leistungsfaktor $\cos \varphi$ des Motors beeinflußt werden. Eine in die Sekundärwicklung eingeführte EMK muß mit der Ohmschen- und Streu-EMK dieser Wicklung sowie mit deren eigentlichen EMK ein Gleichgewichtssystem bilden. Die Richtung des Stromes $\mathfrak{J}_2$ und somit auch diejenige des Stromes $\mathfrak{J}_1$ ist demnach von der Größe und Lage einer im Sekundärkreis eingeführten EMK abhängig, wodurch sich die genannte Beeinflussung des Leistungsfaktors ergibt. Durch entsprechende Wahl der fremden EMK muß es also möglich sein, den Winkel φ nicht nur zu verkleinern, sondern völlig aufzuheben, oder sogar in entgegengesetztem Sinne anwachsen zu lassen. Statt daß der Asynchronmotor wie eine Ohmsche — induktive — Belastung auf das Netz wirkt, kann er sich bei völliger Kompensation ($\cos \varphi = 1$) wie ein rein Ohmscher Widerstand, oder bei Überkompensation wie eine gemischt Ohmsche-Kapazitive-Belastung verhalten.

Da die EMK im Sekundärkreis des Motors nicht Netzfrequenz, sondern Schlupffrequenz aufweisen, kann nur eine EMK in die Sekundärwicklung eingeführt werden, deren Frequenz mit der jeweiligen Schlupffrequenz übereinstimmt. Der Frequenzwandler, dessen Schaltung in der Abb. 5 gezeichnet ist, eignet sich zur Erzeugung von Spannungen mit Schlupffrequenzen. Die Wirkungsweise des Frequenzwandlers ist die folgende:

Führt man einen Kommutatoranker an drei um 120° gegeneinander verschobenen Stellen über drei Schleifringe von einem Drehstromnetz aus Wechselstrom zu, dann bildet sich im Anker ein Drehfeld aus, welches mit einer der Netzfrequenz und der Polzahl entsprechenden Drehzahl umläuft. Die Frequenz der an den Bürsten des Kollektors bestehenden Spannungen ist im Stillstand des Ankers gleich der Frequenz auf der Schleifringseite. Durch das Antreiben des Kom-

mutatorankers mittels eines Hilfsmotors im Sinne oder Gegensinne des umlaufenden Drehfeldes wird die Relativgeschwindigkeit zwischent Drehfeld
und feststehenden Bürsten größer oder kleiner, womit die Bürsenfrequenz entsprechend ändert. Wird z. B. der Anker im Gegensinne des
Drehfeldes verdreht, und zwar gerade mit der Geschwindigkeit des Drehfeldes, dann kommt das Drehfeld räumlich zum Stillstand und die Bürstenfrequenz wird hierbei Null. Wie man leicht erkennt, muß für den Frequenzwandler stets die Frequenzgleichung bestehen

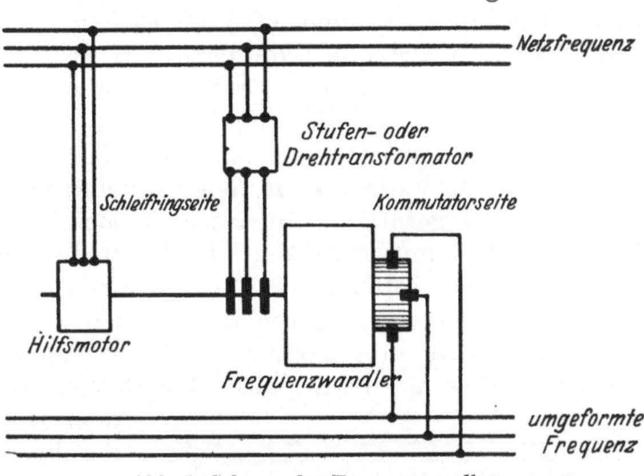

Abb. 5. Schema des Frequenzwandlers.

$$\pm f_1 \pm f_2 \pm f_a = 0,$$

worin f_1 die Netz-, f_2 die Bürsten- und f_a die Umdrehungsfrequenz des
Ankers bedeuten. Mit Hilfe des Kommutatorankers kann man also
Ströme bestimmter Frequenz und Spannung in solche gleicher Stärke
und gleicher Spannung, jedoch verschiedener Frequenz umformen.
Ferner kann mittels der Verschiebung der Bürsten die Kollektorspannung
in bezug auf ihre Phase beliebig eingestellt werden.

Wird der Frequenzwandler, wie es die Abb. 5 zeigt, mit seinen Schleifringen z. B. über einen Stufentransformator oder Induktionsregler (Drehtransformator) an das Netz angeschlossen, dann kann nicht nur die Phase sondern auch die Größe der Spannung des Kommutators beliebig eingestellt werden.

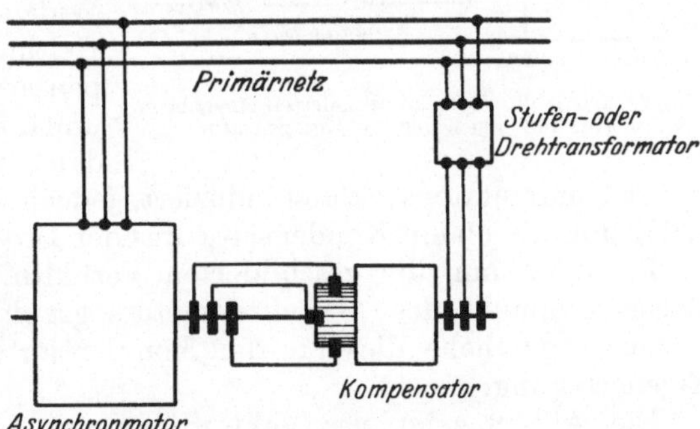

Abb. 6. Schaltbild eines kompensierten Asynchronmotors mit
fremderregtem Kompensator.

In der Abb. 6 findet sich das Schaltbild eines Drehstromasynchronmotors, in dessen Sekundärkreis zwecks Kompensation ein Frequenzwandler eingeschaltet ist. Die Kommutatorwicklung dieses Wandlers
wird vom selben Netze wie die Primärwicklung des Asynchronmotors
gespeist. Der Frequenzwandler, welcher bei dieser Anwendung auch
Kompensator genannt wird, ist mit dem Rotor der Asynchronmaschine
mechanisch gekuppelt. Hierdurch wird die Gleichheit zwischen der
Bürstenfrequenz des Wandlers und der Schlupffrequenz des Motors

erreicht. An Stelle der mechanischen Kupplung von Motor und Kompensator kann eine elektrische Kupplung treten, wobei jedoch unerwünschte Pendelerscheinungen auftreten. Der durch die Abb. 6 gekennzeichnete Fall nennt man die Kompensation mit Fremderregung, weil der Frequenzwandler vom Primärnetz speziell erregt wird. Eine Abart des fremderregten Kompensators ist der eigenerregte Kompensator. Läßt man nämlich die Schleifringe an der Kommutatorwicklung weg, dann erhält man die Schaltung der Abb. 7, welche die kompensierte Drehstrom-Asynchronmaschine mit Eigenerregung darstellt. Auch in diesem Falle wird in den Sekundärkreis des Asynchronmotors eine EMK eingeführt. Die Rotorströme des Asynchronmotors bedingen im Kommutatoranker ein Drehfeld, welches entsprechend der Schlupffrequenz rotiert. Steht der Kompensator still, dann wird in der Kommutatorwicklung wie in einer Drosselspule eine EMK erzeugt. Treibt man z. B. den Kompensator mit einem Hilfsmotor im Sinne des Drehfeldes an, dann wird die Relativgeschwindigkeit zwischen dem Drehfeld und den Stäben der Kommutatorwicklung kleiner, womit die in dieser Wicklung erzeugte EMK ebenfalls geringer wird. Wird die genannte Relativgeschwindigkeit Null, dann wird in der Kommutatorwicklung keine EMK mehr induziert, und es kommt dann nur noch der Ohmsche Widerstand der Wicklung zur Geltung. Läßt man den Kompensator noch rascher wie das umlaufende Drehfeld rotieren, dann wird wieder eine EMK in der Kommutatorwicklung induziert, jedoch kehrt die Richtung dieser EMK um, als ob ein Kondensator aus der Drosselspule geworden wäre.

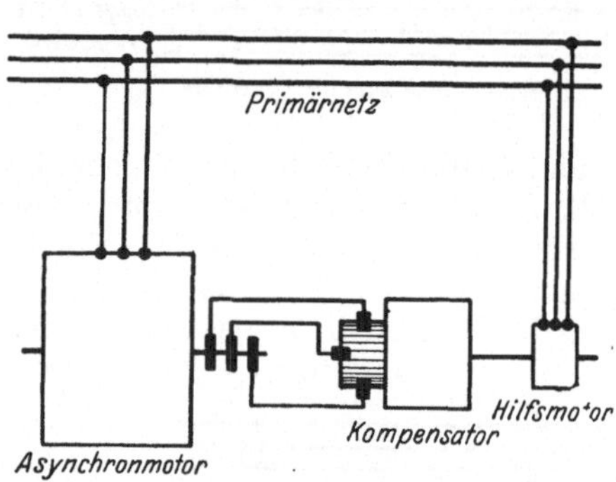

Abb. 7. Schaltbild eines kompensierten Asynchronmotors mit eigenerregtem Kompensator.

Es sollen nun die geschilderten Verhältnisse für einen beliebigen Belastungspunkt des Asynchronmotors graphisch dargestellt werden. Zunächst geschehe dies für den kompensierten Asynchronmotor mit Eigenerregung.

Die Abb. 8 zeigt das Vektordiagramm des kompensierten Asynchronmotors mit Eigenerregung für einen beliebigen Belastungspunkt. Die Größe der Klemmenspannung $\mathfrak{U}_1$, des Stromes $\mathfrak{J}_2$ und der Wattkomponente des Stromes $\mathfrak{J}_1$ ist in diesem Diagramm gleich groß, wie im Falle des gewöhnlichen Asynchronmotors, dessen Diagramm an Hand der Abb. 4 beschrieben wurde. Der Ohmsche Widerstand der Kompensatorwicklung ist mit R_K bezeichnet, und dessen Reaktanz mit $x_K \cdot s'$. Dabei ist der Faktor $x_K \cdot s$ die Reaktanz des Kommutators im Stillstand und der Faktor s' hat die Bedeutung

$$s' = s\left(\frac{f_a}{f_2} - 1\right).$$

Hierin stellt f_2 die Schlupffrequenz und f_a die Umdrehungsfrequenz des Kompensators dar. Auf Grund des über die Wirkungsweise des eigenerregten Kompensators Gesagten ist die eben angeschriebene Beziehung leicht verständlich. Im Sekundärkreis treten nebst der Ohmschen- und Streu-EMK der Rotorwicklung des Asynchronmotors also noch die Ohmsche- und die Reaktanz-EMK des Kompensators auf. Während die Ohmschen-EMK parallel zur Richtung des Stromvektors $\mathfrak{J}_2$ zu liegen kommen, stehen die EMK $\mathfrak{J}_2 \cdot x_2 \cdot s$ und $\mathfrak{J}_2 \cdot x_K \cdot s'$ senkrecht

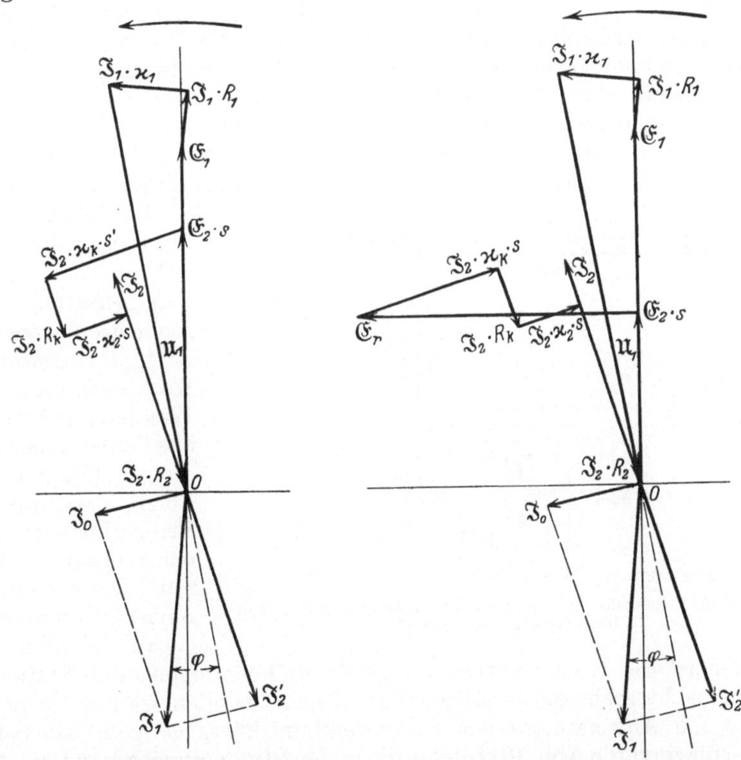

Abb. 8. Vektordiagramm des kompensierten Asynchronmotors mit eigenerregtem Kompensator für einen beliebigen Belastungspunkt.

Abb. 9. Vektordiagramm des kompensierten Asynchronmotors mit fremderregtem Kompensator für einen beliebigen Belastungszustand.

zur Richtung dieses Vektors. In bezug auf die im Primärkreis auftretende EMK ist gegenüber dem gewöhnlichen Asynchronmotor nichts Neues hinzuzufügen. Daß der Winkel φ durch die in den Rotorstromkreis eingeführten EMK des Kompensators wesentlich beeinflußt wird, läßt die Abb. 8 deutlich erkennen.

Im Falle des kompensierten Asynchronmotors mit Fremderregung sind die Strom- und Spannungsverhältnisse in der Abb. 9 graphisch zur Darstellung gebracht. Auch hier ist die Größe der Klemmenspannung $\mathfrak{U}_1$, des Stromes $\mathfrak{J}_2$ und der Wattkomponente des Stromes $\mathfrak{J}_1$ gleich wie im Falle des gewöhnlichen Asynchronmotors gehalten. Der Ohmsche

Widerstand des Kompensators ist wiederum mit R_K bezeichnet. Die Streureaktanz des Kompensators ist im vorliegenden Falle nur noch eine einfache Funktion des Schlupfes s, sie ist mit $x_K \cdot s$ benannt. Die diesen Größen entsprechenden EMK $\mathfrak{J}_2 \cdot R_K$ und $\mathfrak{J}_2 \cdot x_K \cdot s$, sowie die Ohmsche- und Streu-EMK des Rotors des Asynchronmotors müssen mit der eigentlichen EMK $\mathfrak{E}_2 \cdot s$ dieses Rotors und der EMK $\mathfrak{E}_r$ des den Kompensator speisenden Transformators im Gleichgewicht sein. Im Diagramm der Abb. 9 ist die EMK $\mathfrak{E}_r$ senkrecht zur EMK $\mathfrak{E}_2 \cdot s$ eingezeichnet, d. h. bei der Phasenkompensation von Asynchronmotoren wird diese EMK durch Einstellung der Bürsten des Kompensators in eine solche Lage gebracht, daß für einen bestimmten Kompensationsgrad eine minimale Größe des Vektors $\mathfrak{E}_r$ erforderlich ist. Dies trifft eben zu, wenn $\mathfrak{E}_r$ senkrecht zu $\mathfrak{E}_2 \cdot s$ steht. Man erkennt auch hier wieder klar, wie durch Einführung einer fremden EMK in den Sekundärkreis des Asynchronmotors dessen Leistungsfaktor beeinflußt wird.

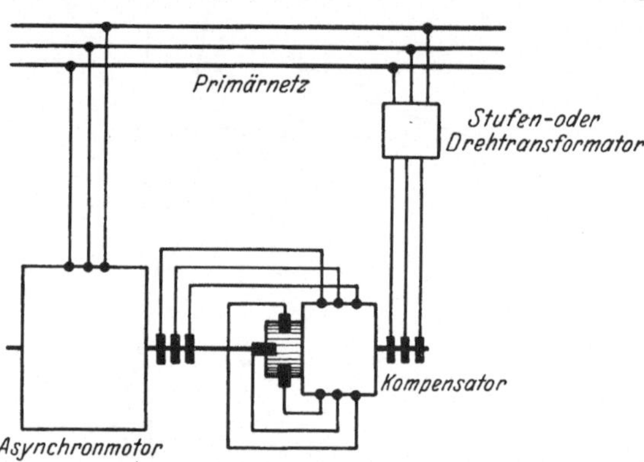

Abb. 10. Schaltbild eines kompensierten Asynchronmotors mit fremderregtem Kompensator.

Bei all den bis anhin beschriebenen Einrichtungen zwecks Kompensation des Asynchronmotors besitzt der Stator des Kompensators keine Wicklung. Dies hat das Fehlen einer Drehmomentbildung zur Folge, wodurch der Erregerkreis des Kompensators für den ganzen Rotorstrom des Asynchronmotors ausgebaut werden muß.

Auch ist die Kommutation bei größeren Leistungen ohne Statorwicklung nicht mehr einwandfrei. Aus diesen Gründen ist man in neuerer Zeit zur Anwendung einer Statorwicklung übergegangen. Ein Schema hierfür zeigt die Abb. 10. Infolge der in den Stator eingebauten Drehstromwicklung, welche sich zur Ankerwicklung in Gegenschaltung befindet, wird das Ankerfeld unterdrückt. Über die Schleifringe des Kompensators kann somit ein verhältnismäßig kleiner Erregerstrom zur Feldbildung in den Anker geschickt werden, womit die Ausbildung eines Drehmomentes gegeben ist. Man spricht bei dieser Anordnung von einer läufererregten kompensierten Kommutatormaschine. Es werden jedoch nicht nur solche Kompensatoren verwendet, sondern auch mit Statorerregung.

Die Kompensation der Asynchronmaschine wird auch erreicht indem man den bis anhin betrachteten Frequenzwandler nicht als separate Maschine ausführt, sondern mit der Asynchronmaschine unmittelbar zu einer Maschine vereinigt. Schon im Jahre 1902 hat Heyland eine Schaltung bekanntgegeben, die den Frequenzwandler wohl enthält, jedoch mit dem Asynchronmotor verschmolzen. Das Schema dieser Maschine zeigt die Abb. 11. Der Stator enthält eine normale Drehstromwicklung. Der Rotor ist als Kommutatoranker ausgebaut. Eine im Stator untergebrachte Hilfswicklung dient zur Speisung der Kommutatorwicklung und ist daher an die Bürsten des Kommutators angeschlossen. Auf diese Weise wird erreicht, daß das Feld der Asynchronmaschine vom Rotor geliefert wird, womit die Kompensation des Asynchronmotors erreicht ist. Auf dem Rotor ist noch eine Kurzschlußwicklung angebracht, einmal um den Anlauf des Motors zu gewährleisten, und um die Kommutation funkenfrei zu gestalten.

Eine in die Gruppe des eben erwähnten Heylandmotors gehörende Bauart der kompensierten Asynchronmaschine ist diejenige nach Osnos. Das Schema dieser Maschine findet sich in der Abb. 12. Man erkennt gleich, daß es sich hier um eine noch einfacher gestaltete Maschine als die von Heyland angegebene handelt. Die Primärwicklung ist beim

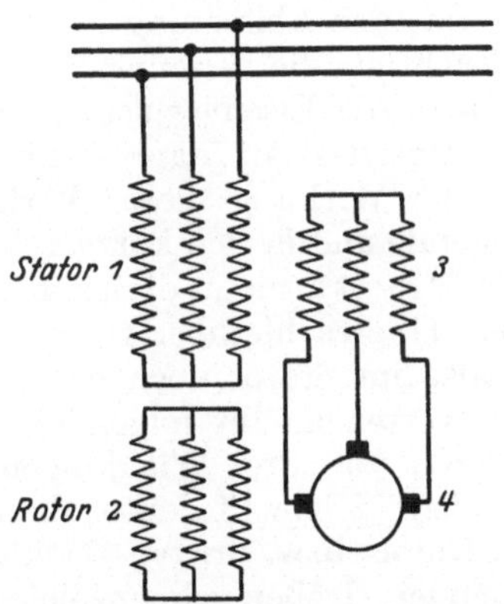

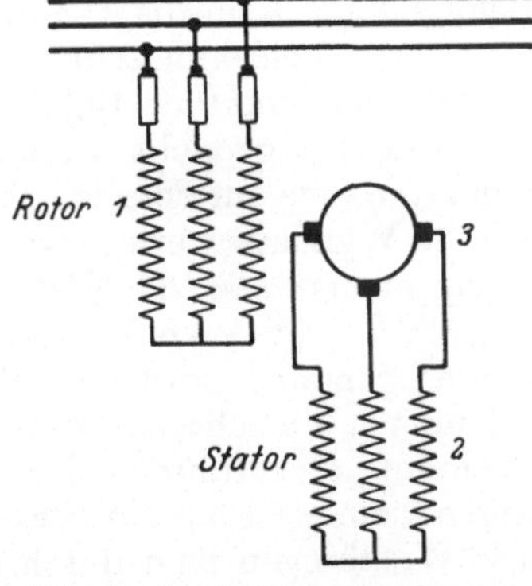

Abb. 11. Schaltbild des Heylandmotors.   Abb. 12. Schaltbild des Osnosmotors.

Osnosmotor auf dem Rotor untergebracht, d. h. die Rotorwicklung ist über Schleifringe an das Netz angeschlossen. Die Kommutatorwicklung ist ebenfalls in den Nuten des Rotors verlegt. Die im Stator liegende Sekundärwicklung ist mit den Bürsten des Kommutators verbunden. Die zwecks Kompensation in den Sekundärkreis einzuführende EMK wird durch das Drehfeld in der Kommutatorwicklung induziert. Diese EMK wird infolge des Kollektors auf Schlupffrequenz umgewandelt und somit der jeweiligen Frequenz des Stators angepaßt. Durch die Verdrehung der Bürsten kann die Phase dieser EMK beliebig eingestellt werden, wodurch der Grad der Kompensation reguliert werden kann.

Es gibt noch andere Bauarten und Schaltungen von kompensierten Asynchronmaschinen als die im obigen beschriebenen, diese sind jedoch von untergeordneter Bedeutung, oder wenn gewissen Ausführungen Bedeutung zukommt, dann weichen dieselben nur unwesentlich von den dargestellten Maschinen ab. Es soll daher, um das vorliegende Buch nicht zu verteuern, von der Beschreibung weiterer Schaltungen abgesehen werden.

4. Das genaue Kreisdiagramm des kompensierten Asynchronmotors mit eigenerregtem Kompensator.

Die Schaltung des kompensierten Asynchronmotors mit eigenerregtem Kompensator zeigt die Abb. 7. Die Statorwicklung des Asynchronmotors wird direkt vom Netz gespeist, die Rotorwicklung ist mittels Schleifringen an die Bürsten einer Kommutatormaschine angeschlossen. Im einfachsten Fall ist der Stator dieser Maschine ohne Wicklung. Der Kompensator, wie die Kommutatormaschine in einem solchen Falle genannt wird, ist entweder mit dem Asynchronmotor mechanisch gekuppelt, oder wird mit einem Hilfsmotor angetrieben.

Bei der Aufstellung des genauen Kreisdiagrammes für den kompensierten Asynchronmotor mit eigenerregtem Kompensator wird prinzipiell derselbe Weg beschritten wie bei der Herleitung des genauen Kreisdiagrammes für den „Allgemeinen Transformator" (siehe Abschnitt 1). Da im kommenden mehrmals auf den Inhalt jenes Abschnittes verwiesen werden muß, geschehe es mit der Abkürzung „A.T."

Das genaue Kreisdiagramm berücksichtigt die Eisenverluste im Stator der Asynchronmaschine. Nimmt man die Eisenverluste proportional dem Quadrat der Induktion im Primärteil an, dann kann das Eisen verlustlos gedacht werden, und die Wirkung dieser Verluste kann dann in eine auf dem Primärteil liegende und in sich kurzgeschlossene dritte Wicklung verlegt werden. Die Stromwärme in dieser dritten Wicklung ersetzt also die Eisenverluste. Näheres hierüber findet sich unter „A.T." Der Asynchronmotor ist also im Stator noch mit einer fingierten, genannt „dritten" Wicklung versehen. Im folgenden hat man demnach die charakteristischen Daten von drei Wicklungen in die Rechnung einzuführen. Der Index 1 bzw. 2 bzw. 3 deutet die Zugehörigkeit einer Größe zur Stator- bzw. Rotor- bzw. dritten Wicklung an. Die Wicklungen sind durch die folgenden Größen gekennzeichnet:

Ohmsche Widerstände $R_1\,R_2\,R_3$,
Selbstinduktivitäten $L_1\,L_2\,L_3$,
Gegenseitige Induktivitäten $M_{12}\,M_{13}\,M_{23}$,
Totale Streukoeffizienten $\tau_{12}\,\tau_{13}\,\tau_{23}$.

Die Stromquelle besitze die Kreisfrequenz ω_1. Die Ströme der Statorwicklung und der in den Stator verlegten dritten Wicklung sind von dieser Kreisfrequenz. Der Rotorstrom weist dagegen die Schlupfkreisfrequenz auf. Dividiert man jedoch letztere durch den Schlupf, dann erhält man wieder die Kreisfrequenz des Netzes. Von dieser Division sei Gebrauch gemacht zwecks Elimination der Schlupfkreisfrequenz aus den aufzustellenden Gleichungen. Hierfür erscheint dann nur der Ohmsche Widerstand der Rotorwicklung als veränderliche Größe. Bezeichnet man mit j die imaginäre Einheit, dann lauten die Ausdrücke für die Impedanzen der drei Wicklungen des Asynchronmotors

$$R_1 + j\cdot\omega_1\cdot L_1 = \mathfrak{z}_1, \qquad R_2 + j\cdot\omega_1 L_2 = \mathfrak{z}_2, \qquad R_3 + j\cdot\omega_1\cdot L_3 = \mathfrak{z}_3.$$

Für die Wechselreaktanzen sei gesetzt

$$j\cdot\omega_1\cdot M_{12} = \mathfrak{m}_{12}, \qquad j\cdot\omega_1 M_{13} = \mathfrak{m}_{13}, \qquad j\cdot\omega_1\cdot M_{23} = \mathfrak{m}_{23}.$$

Der Stator werde an die konstante Spannung $\mathfrak{U}_1$ gelegt. Zunächst sei vom Anschluß des Kompensators abgesehen. Bei Belastung des Asynchronmotors fließe in den drei Wicklungen die Ströme $\mathfrak{J}_1$, $\mathfrak{J}_2$ und $\mathfrak{J}_3$. Die Anwendung des zweiten Kirchhoffschen Gesetzes, welches Gleichgewicht zwischen den äußern und innern Spannungen verlangt, führt zu den Gleichungen

$$\mathfrak{U}_1 = \mathfrak{J}_1 \cdot \mathfrak{z}_1 + \mathfrak{J}_2 \cdot \mathfrak{m}_{12} + \mathfrak{J}_3 \cdot \mathfrak{m}_{13} \, . \tag{1}$$

$$0 = \mathfrak{J}_1 \cdot \mathfrak{m}_{12} + \mathfrak{J}_2 \cdot \mathfrak{z}_2 + \mathfrak{J}_3 \, \mathfrak{m}_{23} \, . \tag{2}$$

$$0 = \mathfrak{J}_1 \cdot \mathfrak{m}_{13} + \mathfrak{J}_2 \cdot \mathfrak{m}_{23} + \mathfrak{J}_3 \cdot \mathfrak{z}_3 \, . \tag{3}$$

Infolge des Anschlusses des Kompensators an die Rotorwicklung des Asynchronmotors wird die obige Gleichung (2) verändert, die Gleichungen (1) und (3) werden jedoch nicht beeinflußt. Im Sekundärkreis des Asynchronmotors tritt nun nämlich neben dem Ohmschen Widerstand R_2 und der Selbstinduktivität L_2 der Rotorwicklung noch der Ohmsche Widerstand R_K und die Selbstinduktivität L_K der Kommutatormaschine auf. Auch ist zu bedenken, daß die Rotorströme des Asynchronmotors im Kommutatoranker ein Drehfeld erzeugen, das entsprechend der Schlupffrequenz des Asynchronmotors um den Kommutatoranker rotiert. Im Stillstand des Kompensators wirkt derselbe wie eine Drosselspule, die von einem Strom mit der Schlupfkreisfrequenz durchflossen ist. Sobald der Kompensator rotiert, dann wird die Relativgeschwindigkeit zwischen dem Drehfeld und den Stäben der Kommutatorwicklung kleiner oder größer, je nach dem Drehsinn des Kompensators. Damit wird auch die in der Kommutatorwicklung vom Drehfeld induzierte EMK kleiner oder größer. Bezeichnet man mit s den Schlupf des Asynchronmotors, dann stellt sich der Schlupf s' bezogen auf den rotierenden Kompensator dar durch

$$s' = \mp \, s \left(\frac{f_a}{f_2} + 1 \right),$$

worin f_a die Umdrehungsfrequenz des Kommutatorankers und f_2 die Schlupffrequenz des Asynchronmotors bedeutet.

Ist x_K die Reaktanz der Kommutatorwicklung, dann ergibt sich der folgende Ausdruck für die EMK des Kompensators

$$\left(x_K \cdot s \mp x_K \cdot s \cdot \frac{f_a}{f_2} \right) \cdot \mathfrak{J}_2 \, .$$

Im Stillstand gilt

$$x_K = \omega_1 \cdot L_K \, ,$$

weshalb für die EMK des Kompensators auch geschrieben werden kann

$$\left(\omega_1 \cdot s \mp \omega_1 \cdot s \cdot \frac{f_a}{f_2} \right) \cdot L_K \cdot \mathfrak{J}_2 \, .$$

Da ferner ist

$$\omega_1 = 2 \, \pi \cdot f_1 \quad \text{und} \quad f_1 \cdot s = f_2 \, ,$$

geht der Ausdruck für die EMK über in die Form

$$(\omega_1 \cdot s \mp 2 \cdot \pi \cdot f_a) \cdot L_K \cdot \mathfrak{J}_2 \, .$$

Setzt man

$$2 \cdot \pi \cdot f_a = \omega_K,$$

dann erhält man als endgültigen Ausdruck für die EMK des Kommutators

$$(\omega_1 \cdot s \mp \omega_K)\, L_K \cdot \mathfrak{J}_2 .$$

Die Umdrehungsfrequenz f_a des Kommutatorankers drückt sich aus durch

$$f_a = \frac{n_a \cdot p}{60} .$$

Hierin stellt p die halbe Polzahl und n_a die Drehzahl des Kompensators dar. Man hat nun die beiden Fälle a) und b) zu betrachten:

    a) Kompensator mit Hilfsmotor angetrieben,

    b) Kompensator mit Asynchronmotor mechanisch gekuppelt.

Im Falle a) bedeutet n_a eine konstante, durch die Drehzahl des Hilfsmotors festgelegte Tourenzahl. Die in der Kommutatorwicklung induzierte EMK drückt sich in diesem Falle aus durch

$$\omega_1 \cdot s\, L_K \cdot \mathfrak{J}_2 \mp \omega_K \cdot L_K \cdot \mathfrak{J}_2 . \tag{4}$$

Im Falle b) ist die Drehzahl des Kompensators entsprechend der Schlüpfung des Asynchronmotors veränderlich. Bezeichnet man in diesem Falle mit n_a die synchrone Drehzahl des Asynchronmotors, dann stellt sich die EMK des Kompensators wie folgt dar:

$$\omega_1 \cdot s \cdot L_K \cdot \mathfrak{J}_2 \mp (1 \mp s) \cdot \omega_K \cdot L_K \cdot \mathfrak{J}_2$$

oder auch

$$(\omega_1 + \omega_K) \cdot s \cdot L_K \cdot \mathfrak{J}_2 \mp \omega_K \cdot L_K \cdot \mathfrak{J}_2 . \tag{5}$$

Man erkennt jetzt, daß die Reaktanz des Kompensators im Falle b) scheinbar größer als im Falle a) ausfällt. Da dieser Unterschied nur formeller, jedoch nicht prinzipieller Natur ist, möge er folgendermaßen ausgeschieden werden. Wird das erste Glied des Ausdruckes (4) mit dem Faktor

$$\left(1 + \frac{\omega_K}{\omega_1}\right)$$

multipliziert, dann erkennt man, daß Ausdruck (4) in Ausdruck (5) übergeht. Wenn man also die Selbstinduktivität L_K durch

$$L_K\left(1 + \frac{\omega_K}{\omega_1}\right)$$

ersetzt denkt, kann der Fall b) mit Fall a) ausgedrückt werden. Im kommenden darf somit von einer weitern Trennung in einem Fall a) und b) abgesehen werden.

Nach diesen Betrachtungen ist die vorzunehmende Modifikation der Gleichung (2) leicht durchführbar. Das erste und dritte Glied der Gleichung (2) bleiben unverändert, und das zweite Glied ist durch die in der Kommutatorwicklung induzierten EMK sowie durch deren Ohmschen EMK zu ergänzen. Man erhält somit

$$0 = j \cdot \omega_1 \cdot M_{12} \cdot \mathfrak{J}_1 + \left(\frac{R_2 + R_K \mp j \cdot \omega_K \cdot L_K}{s} + j \cdot \omega_1 \cdot L_2 + j \cdot \omega_1 \cdot L_K\right) \cdot \mathfrak{J}_2$$
$$+ j \cdot \omega_1 M_{23} \cdot \mathfrak{J}_3 . \tag{6}$$

Das Gleichungssystem für den kompensierten Asynchronmotor mit eigenerregtem Kompensator wird durch die Gleichungen (1), (3) und (6) dargestellt. Diese drei Gleichungen werden genau so wie unter „A. T." in eine einzige Gleichung verschmolzen. Diese Gleichung stellt dann das gesuchte Kreisdiagramm dar. Der hierbei zu verfolgende Weg sei kurz gekennzeichnet.

Der Strom $\mathfrak{J}_3$ der dritten Wicklung wird aus dem Gleichungsystem eliminiert, wobei die beiden folgenden Gleichungen entstehen

$$\mathfrak{U}_1 = \mathfrak{J}_1 \cdot \mathfrak{Z}_1 + \mathfrak{J}_2 \cdot \mathfrak{M} \, . \tag{7}$$

$$0 = \mathfrak{J}_1 \cdot \mathfrak{M} + \mathfrak{J}_2 \cdot \mathfrak{Z}_2 \, . \tag{8}$$

Hierin haben die Größen $\mathfrak{Z}_1$, $\mathfrak{Z}_2$ und $\mathfrak{M}$ die Bedeutung

$$\mathfrak{Z}_1 = R_1 + R_3 \cdot \frac{\omega_1^2 \cdot M_{13}^2}{(R_3^2 + \omega_1^2 L_3^2)} + j \cdot \omega_1 \left(L_1 - L_3 \cdot \frac{\omega_1^2 \cdot M_{13}^2}{(R_3^2 + \omega_1^2 L_3^2)} \right) \, .$$

$$\mathfrak{Z}_2 = \frac{(R_2 + R_K) \mp j \cdot \omega_K L_K}{s} + R_3 \cdot \frac{\omega_1^2 \cdot M_{23}^2}{(R_3^2 + \omega_1^2 L_3^2)}$$

$$+ j \cdot \omega_1 \left(L_2 + L_K - L_3 \cdot \frac{\omega_1^2 \cdot M_{23}^2}{(R_3^2 + \omega_1^2 L_3^2)} \right)$$

$$\mathfrak{M} = R_3 \cdot \frac{\omega_1^2 \cdot M_{13} \cdot M_{23}}{(R_3^2 + \omega_1^2 L_3^2)} + j \cdot \omega_1 \left(M_{12} - L_3 \cdot \frac{\omega_1^2 M_{13} \cdot M_{23}}{(R_3^2 + \omega_1^2 L_3^2)} \right) \, .$$

Vergleicht man diese Ausdrücke mit den entsprechenden unter „A.T.", dann erkennt man eine Übereinstimmung in bezug auf die Größen $\mathfrak{Z}_1$ und $\mathfrak{M}$, und man erblickt eine verschiedene Zusammensetzung der Größe $\mathfrak{Z}_2$. In den Gleichungen (7) und (8) wird nun der Sekundärstrom $\mathfrak{J}_2$ durch den sogenannten Kompensationsstrom $\mathfrak{J}_2'$ ersetzt. Dieser Kompensationsstrom bildet zusammen mit dem Magnetisierungsstrom $\mathfrak{J}_0$ den Primärstrom $\mathfrak{J}_1$. Zu diesem Zwecke verwendet man die Gleichung vom Übersetzungsverhältnis der Primär- und Sekundärwicklung, welche lautet

$$\frac{\mathfrak{J}_2}{\mathfrak{J}_2'} = -\frac{\mathfrak{Z}_1}{\mathfrak{M}} \, .$$

Die Begründung dieser Beziehung findet sich im Abschnitt 1. Hierauf wird durch die Kombination der Gleichungen (7) und (8) der Primärstrom $\mathfrak{J}_1$ eliminiert, worauf man die Gleichung gewinnt

$$\mathfrak{J}_2' = \mathfrak{U}_1 \cdot \frac{\mathfrak{M}^2}{\mathfrak{Z}_1^2} \cdot \frac{1}{\left(\mathfrak{Z}_2 - \frac{\mathfrak{M}^2}{\mathfrak{Z}_1} \right)} \, . \tag{9}$$

Diese Gleichung stellt bereits den geometrischen Ort der Vektorspitze von $\mathfrak{J}_2'$ dar, wenn die Impedanz

$$\left(\mathfrak{Z}_2 - \frac{\mathfrak{M}^2}{\mathfrak{Z}_1} \right)$$

verändert wird. Die Spannung

$$\mathfrak{U}_1 \cdot \frac{\mathfrak{M}^2}{\mathfrak{Z}_1^2}$$

ist als konstant anzusehen.

Vergleicht man die obige Gleichung (9) mit der Gleichung (6) unter „A.T.“, dann erkennt man rein äußerlich eine völlige Übereinstimmung. Was die Größen $\mathfrak{U}_1$, $\mathfrak{Z}_1$ und $\mathfrak{M}$ anbetrifft, so besteht sogar Gleichwertigkeit. Der einzige Unterschied kommt durch den Aufbau von $\mathfrak{Z}_2$ zur Geltung. Im Falle „A. T.“ war nur ein Teil der reellen Komponente von $\mathfrak{Z}_2$ veränderlich, im vorliegenden Falle ist jedoch $\mathfrak{Z}_2$ nach Maßgabe des Ausdruckes

$$\frac{(\mathfrak{R}_2 + \mathfrak{R}_K) \mp j \cdot \omega_K \cdot L_K}{s}$$

variabel. Steht der Kompensator still, dann wird das Glied dieses Ausdruckes

$$\mp j \cdot \omega_K \cdot L_K$$

zu Null, und es ist gerade wie unter „A. T.“ nur ein Teil der reellen Komponente von $\mathfrak{Z}_2$ veränderlich. Zu beachten ist, daß der Ohmsche Widerstand des Sekundärkreises jetzt um R_K, und die Selbstinduktivität um L_K größer als unter „A. T.“ geworden ist. Berücksichtigt man noch bei der Berechnung des totalen Streukoeffizienten τ_{12} die Reaktanz des Kompensators, dann muß für den kompensierten Asynchronmotor mit stillstehendem Kompensator derselbe Diagrammkreis wie unter „A.T.“ Geltung haben. An jener Stelle wurde an Hand der Abb. 2 die Konstruktion des Diagrammes erläutert. Bei der Schlußbetrachtung dieses Abschnittes soll dann jene Konstruktion im Zusammenhang mit den neu gewonnenen Erkenntnissen nochmals erläutert werden. Im jetzigen Moment sei nur festgehalten, daß bei stillstehendem Kompensator der geometrische Ort auf dem die Vektorspitze von $\mathfrak{Z}_2'$ bei Änderung von s marschiert, ein Kreis von bereits bekannter Lage ist; dieser Kreis heiße Grundkreis.

Rotiert der Kompensator, dann muß Gleichung (9) ebenfalls Auskunft über den Aufbau des Diagrammes geben. Der Faktor dieser Gleichung

$$\frac{1}{\left(\mathfrak{Z}_2 - \dfrac{\mathfrak{M}^2}{\mathfrak{Z}_1}\right)}$$

kann auf die Form gebracht werden

$$\frac{1}{\mathfrak{A} + \mathfrak{B} \cdot p}.$$

Hierin ist $\mathfrak{A}$ eine komplexe Zahl, ebenso $\mathfrak{B}$. Der Faktor p ist ein Parameter, welcher im vorliegenden Falle sich ausdrückt durch

$$p = \frac{1}{s}.$$

Man erkennt nun, daß die Gleichung (9) auch einen Kreis darstellt. Der in der symbolischen Kreisdarstellung nicht geübte Leser findet im Anhang dieses Buches (Abschnitt 10) das zum Verständnis dieser Methode notwendige. Ein einfacher Weg zur Festlegung der Lage des Kreises nach Gleichung (9) wird wohl sein, zunächst den Grundkreis zu zeichnen, und hierauf die relative Lage des eigentlichen Kreises von diesem Grundkreise zu ermitteln. Man übersieht dann auch, wie infolge der Drehung des Kompensators der Diagrammkreis aus dem Grundkreis entsteht.

Um die relative Lage des Kreises nach Gleichung (9) zum Grundkreise festzulegen sei zunächst untersucht, ob die beiden Kreise gemeinsame Punkte besitzen. Wenn man bedenkt, daß der Kreis nach Gleichung (9) und der Grundkreis nach Gleichung (6) unter „A.T." durch den Ursprung, d. h. durch den Fußpunkt des Stromvektors $\mathfrak{J}_2'$ gehen, dann erkennt man bereits diesen Fußpunkt als gemeinsamen Punkt beider Kreise. Dieser Punkt wird auch gefunden, wenn der Schlupf s gleich Null gesetzt wird. Für $s = 0$ ergibt sich nämlich für $\mathfrak{Z}_2$ den Wert unendlich, sowohl im Falle des Grundkreises als auch bei rotierendem Kompensator. Ist aber $\mathfrak{Z}_2$ unendlich groß, dann wird der Strom $\mathfrak{J}_2'$ gleich Null, wie die Gleichung (9) und die Gleichung (6) unter „A.T." zeigt. Dies ist aber das Merkmal für den Fußpunkt von dem Vektor $\mathfrak{J}_2'$. Einen weitern gemeinsamen Punkt der beiden Kreise findet man, wenn der Schlupf s gleich unendlich groß angenommen wird. Der Ausdruck für $\mathfrak{Z}_2$ läßt erkennen, daß bei diesem Wert des Schlupfes die Größe $\mathfrak{Z}_2$ stets gleich groß ist, ob der Kompensator läuft oder stillsteht. Der Vektor $\mathfrak{J}_2'$ muß daher auch in beiden Fällen ein und denselben Wert aufweisen.

Während der gemeinsame Punkt für $s = 0$ durch die Konstruktion des Grundkreises ohne weiteres gegeben ist (siehe Abb. 2 unter „A.T."), muß die Lage des gemeinsamen Punktes für $s = \infty$ auf dem Grundkreis zunächst ermittelt werden. Hierzu diene ein Winkel ε, welcher von dem Spannungsvektor $\mathfrak{U}_1 \cdot \dfrac{\mathfrak{M}^2}{\mathfrak{Z}_1^2}$ und der Sehne, die die beiden gemeinsamen Punkte miteinander verbindet, gebildet wird. Die Berechnung dieses Winkels ε hat nach den folgenden Richtlinien zu erfolgen. Die Impedanz $\left(\mathfrak{Z}_2 - \dfrac{\mathfrak{M}^2}{\mathfrak{Z}_1^2}\right)$ der Gleichung (9) ist durch die Einsetzung der Werte für $\mathfrak{Z}_1$, $\mathfrak{Z}_2$ und $\mathfrak{M}$ in ausführlicher Schreibweise darzustellen. Hierauf ist der Schlupf s gleich unendlich zu setzen. Durch Umformungen ähnlich denjenigen unter „A.T." können die Ohmschen Widerstände, die Selbstinduktivitäten und die gegenseitigen Induktivitäten aus dem die Impedanz darstellenden Ausdruck eliminiert werden. Aus der gemäß obigem bearbeiteten Gleichung (9) ist es dann ohne weiteres möglich, den Verschiebungswinkel ε zwischen dem Spannungsvektor $\mathfrak{U}_1 \dfrac{\mathfrak{M}^2}{\mathfrak{Z}_1^2}$ und dem Stromvektor $\mathfrak{J}_{2\infty}'$, welcher nach dem Punkte $s = \infty$ hinweist, zu entnehmen. Den Tangens dieses Winkels ε findet man zu

$$\operatorname{tg}\varepsilon = \frac{2\cdot(\tau_{12} + \sin^2\alpha)}{\sin 2\alpha - \sin 2\varphi_e + 2\operatorname{ctg}\varphi_e}.$$

Die Bedeutung der in dieser Beziehung auftretenden Winkel geht aus der Abb. 1, welche unter „A.T." erläutert wurde, hervor. Hier sei nur kurz erwähnt, daß der Winkel φ_e gewissermaßen ein Bestandteil des Leerlaufswinkels φ_0 ist. Hätte nämlich die Primärwicklung keinen Ohmschen Widerstand, also $R_1 = 0$, dann wäre $\varphi_e = \varphi_0$. In diesem Falle bestünde nur der in die dritte Wicklung verlegte Widerstand R_3, welcher die Eisenverluste des Stators berücksichtigt. Der Winkel α ist durch die Differenz der Winkel $(\varphi_e - \varphi_0)$ bestimmt.

Nachdem nun zwei gemeinsame Punkte der beiden Kreise ermittelt sind, kann noch durch eine weitere Angabe die Lage des Kreises nach Gleichung (9) endgültig festgelegt werden. Der Mittelpunkt dieses Kreises liegt auf dem maximalen Stromvektor $\mathfrak{J}'_{2\,max}$, weil dessen Richtung mit derjenigen des Kreisdurchmessers zusammenfällt. Verbindet man die beiden gemeinsamen Punkte der Kreise miteinander, und errichtet auf der Verbindungsgeraden die Mittelsenkrechte, dann schneidet dieselbe auf dem maximalem Stromvektor $\mathfrak{J}'_{2\,max}$ den Mittelpunkt heraus. Indem man zwei Punkte der Peripherie und das Zentrum des zu bestimmenden Kreises ermittelt hat, liegt dessen Lage fest. Es ist also noch die Richtung des Stromvektors $\mathfrak{J}'_{2\,max}$ festzulegen, zunächst relativ zum Spannungsvektor $\mathfrak{U}_1 \cdot \dfrac{\mathfrak{M}^2}{\mathfrak{Z}_1^2}$, und hierauf relativ zum Grundkreisdurchmesser.

Um die Richtung von $\mathfrak{J}'_{2\,max}$ relativ zu der Spannung $\mathfrak{U}_1 \cdot \dfrac{\mathfrak{M}^2}{\mathfrak{Z}_1^2}$ zu finden, ist die Gleichung (9) derart zu gestalten, daß deren rechte Seite den Maximalwert von $\mathfrak{J}'_2$ darstellt. Dies trifft ein, wenn die Impedanz

$$\left(\mathfrak{Z}_2 - \frac{\mathfrak{M}^2}{\mathfrak{Z}_1}\right)$$

ihren kleinsten Wert aufweist. Differenziert man den Betrag dieser Impedanz nach dem Schlupfe s und setzt den so erhaltenen Ausdruck gleich Null, dann erhält man durch Auflösung der so gewonnenen Gleichung nach s denjenigen Wert von s, für welchen die obige Impedanz ein Minimum ist. Zu diesem Zwecke bringt man den Ausdruck der Impedanz auf die Form

$$\frac{(R_2 + R_K) \mp j \cdot \omega_K \cdot L_K}{s} + g + j \cdot h \, .$$

Hierin sind die Größen g und h reelle Werte, welche sich bei der Verwendung der im früheren angeschriebenen Ausdrücke für $\mathfrak{Z}_1$, $\mathfrak{Z}_2$ und $\mathfrak{M}$ ohne weiteres ergeben. Führt man die Differentiation der nun modifizierten Schreibweise für die Impedanz nach s durch, dann findet man für das Minimum die Bedingungsgleichung

$$s = \frac{(R_2 + R_K)^2 + (\omega_K \cdot L_K)^2}{\pm h \cdot \omega_K \cdot L_K - g \cdot (R_2 + R_K)} \, .$$

Das Minimum der Impedanz ergibt sich somit zu

$$\frac{h\,(R_2 + R_K) \pm g \cdot \omega_K \cdot L_K}{\pm \omega_K \cdot L_K - j \cdot (R_2 + R_K)} \, .$$

Führt man diesen Wert in die Gleichung (9) ein, dann lautet dieselbe nun

$$\mathfrak{J}'_{2\,max} = \mathfrak{U}_1 \cdot \frac{\mathfrak{M}^2}{\mathfrak{Z}_1^2} \cdot \frac{\pm \omega_K \cdot L_K - j \cdot (R_2 + R_K)}{h \cdot (R_2 + R_K) \pm g \cdot \omega_K \cdot L_K} \, .$$

Man erkennt, daß der Nenner dieser Gleichung reell ist, und somit die relative Lage von $\mathfrak{J}'_{2\,max}$ zu $\mathfrak{U}_1 \cdot \dfrac{\mathfrak{M}^2}{\mathfrak{Z}_i^2}$ nicht beeinflußt. Maßgebend für den Winkel, welchen die letzteren beiden Größen miteinander einschließen sind die Werte von $(w_K \cdot L_K)$ und $(R_2 + R_K)$. Bezeichnet man den Winkel, den die Vektoren $\mathfrak{J}'_{2\,max}$ und $\mathfrak{U}_1 \cdot \dfrac{\mathfrak{M}^2}{\mathfrak{Z}_i^2}$ miteinander bilden mit ψ, dann besteht offenbar die Beziehung

$$\operatorname{tg} \psi = \frac{-(R_2 + R_K)}{\pm\, \omega_K \cdot L_K} \, .$$

Der Tangens dieses Winkels kann positiv oder negativ ausfallen. Man hat demnach den Vektor $\mathfrak{J}'_{2\,max}$ um ψ Grad oder um $(180 - \psi)$ Grad an den Vektor $\mathfrak{U}_1 \cdot \dfrac{\mathfrak{M}^2}{\mathfrak{Z}_i^2}$ anzutragen, je nachdem es sich um Motor- oder Generatorbetrieb handelt.

Wie bereits erwähnt wurde fällt die Richtung des Stromvektors $\mathfrak{J}'_{2\,max}$ mit der Richtung des Durchmessers des zu bestimmenden Kreises zusammen. Der Winkel ψ legt also auch die Richtung des eigentlichen Kreisdurchmessers fest. Anstatt diesen Durchmesser relativ zur Richtung des Spannungsvektors $\mathfrak{U}_1 \cdot \dfrac{\mathfrak{M}^2}{\mathfrak{Z}_i^2}$ aufzutragen, kann auch derselbe in bezug auf den Durchmesser des Grundkreises festgelegt werden. Der Grundkreisdurchmesser steht senkrecht auf der Richtung des Vektors $\mathfrak{U}_1 \cdot \dfrac{\mathfrak{M}^2}{\mathfrak{Z}_i^2}$, woraus hervorgeht, daß die Durchmesser von Grundkreis und eigentlichem Kreis miteinander den Winkel $(90 - \psi)$ Grad einschließen. Daß der Grundkreisdurchmesser senkrecht auf der Richtung des Vektors $\mathfrak{U}_1 \cdot \dfrac{\mathfrak{M}^2}{\mathfrak{Z}_i^2}$, steht geht aus den Betrachtungen unter „A.T." hervor. Die Richtung des Grundkreisdurchmessers wurde gewonnen, indem an die Horizontale ein Winkel vom Werte $2 \cdot \alpha$ angetragen wurde, entsprechend dem Argumente der Größe $\dfrac{\mathfrak{M}^2}{\mathfrak{Z}_i^2}$. Da der Vektor $\mathfrak{U}_1$ vertikal gezeichnet wurde, und der Vektor $\mathfrak{U}_1 \cdot \dfrac{\mathfrak{M}^2}{\mathfrak{Z}_i^2}$ um den Wert des Winkels 2α aus der Vertikalen verdreht ist, steht der Grundkreisdurchmesser senkrecht auf dem Vektor $\mathfrak{U}_1 \cdot \dfrac{\mathfrak{M}^2}{\mathfrak{Z}_i^2}$. Nach all den gemachten Betrachtungen ist nun die Erläuterung der Konstruktion des genauen Kreisdiagrammes der kompensierten Asynchronmaschine mit eigenerregtem Kompensator ohne weiteres möglich. An Hand der Abb. 13 sei der Aufbau des Diagrammes auseinandergesetzt.

Zunächst erfolgt die Konstruktionsangabe des Grundkreises entsprechend dem unter „A.T." Gesagten. Hierauf wird an den Grundkreis anlehnend der eigentliche Diagrammkreis errichtet.

Vom Punkte 0 ist in vertikaler Richtung mit dem Sinn nach oben der Spannungsvektor $\mathfrak{U}_1$ gezeichnet. Der Leerlaufsstrom $\mathfrak{J}_0$ ist unter dem Leerlaufswinkel φ_0 an den Vektor $\mathfrak{U}_1$ angetragen. Auf einer Parallelen zu der Richtung des Vektors $\mathfrak{J}_0$ durch die Spitze des Vektors $\mathfrak{U}_1$

ist die Ohmsche Spannung $\mathfrak{J}_0 \cdot R_1$ aufgetragen. Dadurch wird die Größe des Winkels α gewonnen. Vergleiche diesbezüglich die Abb. 1, und man bedenke, daß im Leerlauf die Beziehung besteht $\mathfrak{U}_1 = \mathfrak{J}_0 \cdot \mathfrak{Z}_1$. Der Grundkreis ergibt sich nun wie folgt:

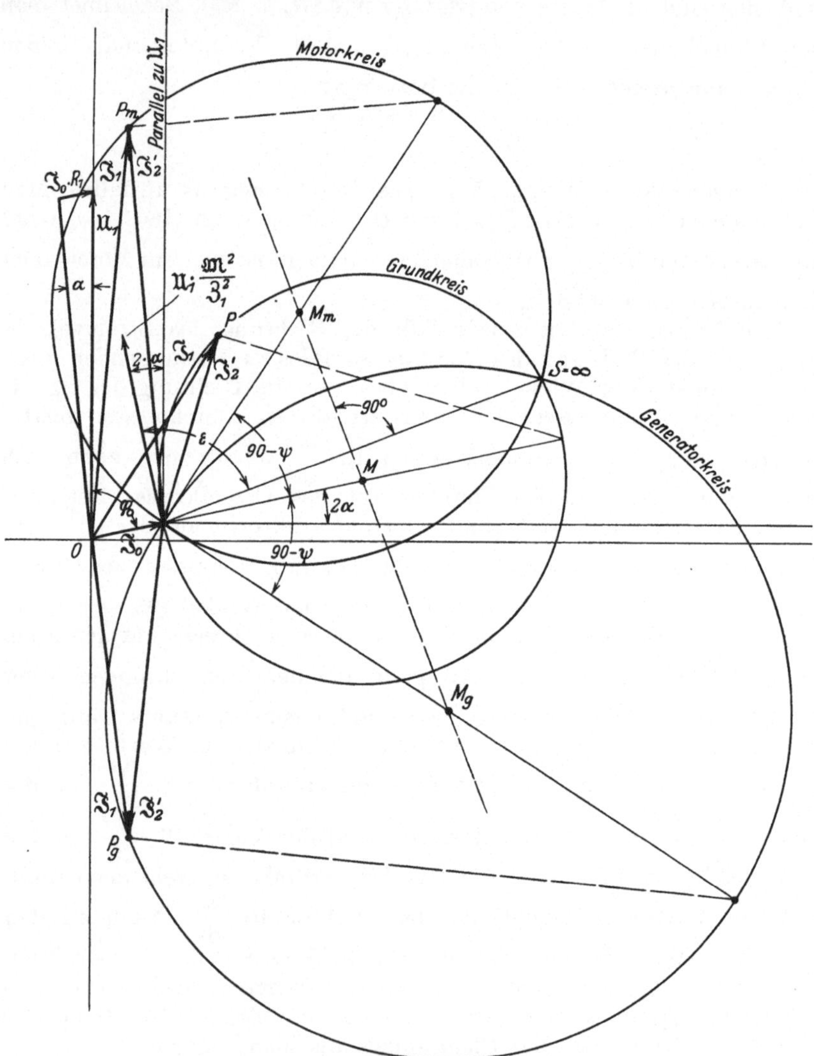

Abb. 13. Genaues Kreisdiagramm der kompensierten Asynchronmaschine mit eigenerregtem Kompensator.

Durch die Spitze des Vektors $\mathfrak{J}_0$ wird eine Horizontale gezogen, an welche der Winkel 2α anzutragen ist. Der Durchmesser des Grundkreises schließt mit der Horizontalen diesen Winkel ein. Die Länge des Durchmessers wird mit Hilfe der Gleichung (7) unter „A.T." berechnet, wobei, wie bereits erwähnt, noch berücksichtigt werden muß, daß der Ohmsche Widerstand des Sekundärkreises um R_K, und die Selbstinduktivität um L_K größer als unter „A.T." zu nehmen ist. Auch darf bei der Berechnung des totalen Streukoeffizienten τ_{12} die Reaktanz des Kompensators nicht außer Acht gelassen werden. Mit diesem ersten Schritt ist der Grundkreis festgelegt. Wird der Durchmesser nicht mit Hilfe der genannten Gleichung (7) berechnet, dann ist im Prüffeld bei stillstehendem Kompensator irgend ein Belastungspunkt P festzulegen. Den Kreisdurchmesser findet man dann, indem man an den diesem Punkte P entsprechenden Kompensationsstrom $\mathfrak{J}_2'$, einen rechten Winkel anlegt, wodurch der diametral zum Fußpunkt von $\mathfrak{J}_2'$, gelegene Punkt gewonnen wird.

Die Lage des eigentlichen Diagrammkreises erhält man nun wie folgt: Zunächst legt man auf dem Grundkreis den dem Schlupfe $s = \infty$ entsprechenden Punkt fest. Dies geschieht mittels des Winkels ε. Der Strahl, welcher mit dem Spannungsvektor $\mathfrak{U}_1 \cdot \dfrac{\mathfrak{M}^2}{\mathfrak{Z}_i^2}$ den Winkel ε einschließt und durch den Fußpunkt von $\mathfrak{J}_2'$ führt, schneidet auf dem Grunkdreis den Belastungspunkt beim Schlupf $s = \infty$ heraus. Nun wird an den Grundkreisdurchmesser der Winkel $(90 - \psi)$ Grad angetragen, womit der Strahl, auf dem der eigentliche Kreisdurchmesser liegt, erhalten wird. Indem man auf der Verbindungsgeraden der beiden gemeinsamen Punkte die Mittelsenkrechte errichtet, und dieselbe mit dem eben erwähnten Strahle zum Schnitt bringt, gewinnt man das Zentrum des Kreises nach Gleichung (9).

Der Durchmesser des Diagrammkreises kann auch berechnet werden. Die Betrachtung der Abb. 13 zeigt, daß die folgenden Beziehungen Gültigkeit haben:

$$\cos(90 - \varepsilon) = \frac{l_s}{d_g},$$

$$\cos[(90 - \psi) - (90 - \varepsilon)] = \frac{l_s}{d}.$$

Hierin bedeutet l_s die Länge der zwischen den gemeinsamen Punkten liegenden Sehne, und die Größe d_g bzw. d ist die Länge des Grundkreisdurchmessers bzw. des Durchmessers vom eigentlichen Kreise. Die Kombination der beiden eben angeschriebenen Winkelbeziehungen liefert die Bestimmungsgleichung für den Durchmesser d, dieselbe lautet

$$d = \frac{d_g \cdot \sin \varepsilon}{\sin[\varepsilon \pm (90 - \psi)]}.$$

Das in dieser Gleichung auftretende Plus- bzw. Minuszeichen weist auf den Motor- bzw. Generatorbetrieb hin.

Frägt man sich, in welchem Maße die Kompensation der Asynchronmaschine durch den Kompensator bewirkt wird, dann erkennt man, daß bei zunehmender Drehzahl und Induktivität des Kompensators eine wachsende Kompensation erreicht wird. Dies geht aus der Beziehung

$$\operatorname{tg}\psi = \frac{-(R_2 + R_K)}{\pm \omega_K \cdot L_K}$$

hervor. Mit zunehmendem w_K und L_K wird der Winkel ψ kleiner, und damit der zwischen den Durchmessern des Grundkreises und eigentlichen Kreises bestehende Winkel $(90 - \psi)$ größer. Dadurch wird, wie aus der Abb. 13 hervorgeht, die Kompensation gesteigert.

Einleitend wurde gesagt, daß im einfachsten Falle die Kommutatormaschine ohne Statorwicklung ausgeführt wird. Sobald der Stator eine Wicklung besitzt, tritt eine Drehmomentbildung auf, weil dann die EMK der Drehung des Kompensators auch eine Wattkomponente enthält. Diese Ohmsche EMK ist in ihrer Wirkung auf den Ausdruck

$$\operatorname{tg} \psi = \frac{-(R_2 + R_K)}{\pm \omega_K \cdot L_K}$$

als einen Ohmschen Widerstand aufzufassen, der zu dem Widerstand $(R_2 + R_K)$ in Opposition steht. Ist zum Beispiel eine völlige Aufhebung der in Opposition stehenden Widerstände vorhanden, dann ist der Winkel ψ gleich Null, und der Winkel zwischen Grundkreisdurchmesser und eigentlichem Kreisdurchmesser 90^0. Überwiegt der der Wattkomponente der EMK der Drehung entsprechende Widerstand die Größe $(R_2 + R_K)$, dann wird die Verschiebung zwischen den Kreisdurchmessern noch größer als wie 90^0. Der Einfluß des Kompensators auf das Verhalten der Asynchronmaschine ist, wie man erkennt, recht durchsichtig.

5. Das genaue Kreisdiagramm des kompensierten Asynchronmotors mit fremderregtem Kompensator.

Aus der Abb. 6 geht die Schaltung des kompensierten Asynchronmotors mit fremderregtem Kompensator hervor. Während die Statorwicklung des Asynchronmotors mit dem Netze verbunden ist, führt dessen Rotorwicklung über Schleifringe zu den Bürsten des Frequenzwandlers. Dieser wird meistens unter Zwischenschaltung eines Stufentransformators oder Induktionsreglers schleifringseitig mit dem Primärnetz verbunden. Hierdurch wird die Fremderregung erreicht. Man hat wieder zwei Fälle in das Auge zu fassen, nämlich Fall a) und Fall b):

a) Kompensator nur elektrisch mit der Asynchronmaschine gekuppelt,

b) Kompensator elektrisch und mechanisch mit der Asynchronmaschine gekuppelt.

Bezeichnet man mit $\mathfrak{U}_2$ die von den Bürsten des synchronlaufenden Kompensators herrührende Spannung, und mit s die Schlüpfung der Asynchronmaschine, dann ist zu beachten, daß im Falle a) die Spannung $\mathfrak{U}_2$ als eine Konstante anzusehen ist, im Falle b) jedoch proportional der Drehzahl der Asynchronmaschine ist, entsprechend dem Ausdrucke $(1 - s) \cdot \mathfrak{U}_2$. Damit werden die beiden Fälle charakterisiert.

Prinzipiell wird bei der Aufstellung des genauen Kreisdiagrammes für den kompensierten Asynchronmotor mit fremderregtem Kompensator gleich vorgegangen wie im Falle des „Allgemeinen Transformators‟ (siehe Abschnitt 1). Jener Abschnitt sei, wenn auf denselben verwiesen werden muß kurz mit „A. T.‟ benannt.

Die Eisenverluste im Stator der Asynchronmaschine werden im genauen Kreisdiagramme berücksichtigt. Dabei werden diese Verluste proportional dem Quadrate der Induktion im Primärteil angenommen. Das Eisen kann dann als verlustlos gedacht werden, und eine auf dem Primärteil liegende und in sich kurzgeschlossene sogenannte „dritte" Wicklung ersetzt in Form ihrer Stromwärme die erwähnten Eisenverluste. Näheres hierüber findet sich unter „A. T.". In der kommenden Rechnung sind demnach auch die charakteristischen Daten dieser dritten Wicklung einzuführen. Der Index 1 bzw. 2 bzw. 3 deutet die Zugehörigkeit einer Größe zur Stator- bzw. Rotor-, bzw. dritten Wicklung an.

Sieht man zunächst von dem Anschlusse des Kompensators ab, dann gestaltet sich die Bestimmung des den Diagrammkreis darstellenden Gleichungssystemes wie folgt:

Die Wicklungen der Asynchronmaschine weisen die Daten auf:

Ohmsche Widerstände $R_1\ R_2\ R_3$,
Selbstinduktivitäten $L_1\ L_2\ L_3$,
Gegenseitige Induktivitäten $M_{12}\ M_{13}\ M_{23}$,
Totale Streukoeffizienten $\tau_{12}\ \tau_{13}\ \tau_{23}$.

Die konstante Spannung, welche an der Statorwicklung herrscht, sei $\mathfrak{U}_1$. Die in den drei Wicklungen der Asynchronmaschine bei Belastung fließenden Ströme haben die Größe $\mathfrak{J}_1$, $\mathfrak{J}_2$ und $\mathfrak{J}_3$. Die Kreisfrequenz der Stromquelle ist ω_1. Die im Rotor bestehende Schlupfkreisfrequenz soll in den Gleichungen nicht auftreten, was mittels Division der Rotorgleichung durch den Schlupf s erreicht wird. Als einzige Variable besteht nur der Ohmsche Widerstand der Rotorwicklung. Es sollen jetzt die folgenden Abkürzungen eingeführt werden, hierbei bedeute j die imaginäre Einheit.

Für die Impedanzen sei gesetzt:

$$R_1 + j\cdot\omega_1\cdot L_1 = \mathfrak{z}_1\,,\qquad R_2 + j\cdot\omega_1\cdot L_2 = \mathfrak{z}_2\,,\qquad R_3 + j\cdot\omega_1\cdot L_3 = \mathfrak{z}_3\,.$$

Für die Wechselreaktanzen gelte:

$$j\cdot\omega_1\cdot M_{12} = \mathfrak{m}_{12}\,,\qquad j\cdot\omega_1\cdot M_{13} = \mathfrak{m}_{13}\,,\qquad j\cdot\omega_1\cdot M_{23} = \mathfrak{m}_{23}\,.$$

Das zweite Kirchhoffsche Gesetz, das Gleichgewicht zwischen den innern und äußern Spannungen bedingt, ergibt in seiner Anwendung die Gleichungen

$$\mathfrak{U}_1 = \mathfrak{J}_1\cdot\mathfrak{z}_1 + \mathfrak{J}_2\cdot\mathfrak{m}_{12} + \mathfrak{J}_3\cdot\mathfrak{m}_{13}\,, \tag{1}$$

$$0 = \mathfrak{J}_1\cdot\mathfrak{m}_{12} + \mathfrak{J}_2\cdot\mathfrak{z}_2 + \mathfrak{J}_3\cdot\mathfrak{m}_{23}\,, \tag{2}$$

$$0 = \mathfrak{J}_1\cdot\mathfrak{m}_{13} + \mathfrak{J}_2\cdot\mathfrak{m}_{23} + \mathfrak{J}_3\cdot\mathfrak{z}_3\,. \tag{3}$$

Denkt man sich den Kompensator mit der Asynchronmaschine verbunden, jedoch noch vom Primärnetze abgetrennt, und nimmt man an, daß der Ohmsche Widerstand und die Induktivität der Rotorwicklung der Asynchronmaschine um die entsprechenden Größen des Kompensators vergrößert sind, dann müssen auch die obigen Gleichungen (1), (2) und (3), nach der gemachten Angabe modifiziert, Gültigkeit besitzen. Die Elimination der Ströme $\mathfrak{J}_1$, $\mathfrak{J}_2$ und $\mathfrak{J}_3$ aus den Gleichungen (1), (2) und (3) und die Einführung des Kompensationsstromes $\mathfrak{J}_2'$, gerade wie es unter „A. T." durchgeführt wurde, führt zu der Gleichung

$$\mathfrak{J}_2' = \mathfrak{U}_1 \cdot \frac{\mathfrak{M}^2}{\mathfrak{Z}_1^2} \cdot \frac{1}{\left(\mathfrak{Z}_2 - \dfrac{\mathfrak{M}^2}{\mathfrak{Z}_1} \right)}. \tag{4}$$

Ist R_k bzw. L_k der Ohmsche Widerstand bzw. die Induktivität des Kompensators, dann haben die in der eben notierten Gleichung (4) verwendeten Größen die Bedeutung:

$$\mathfrak{Z}_1 = R_1 + R_3 \cdot \frac{\omega_1^2\, M_{13}^2}{R_3^2 + \omega_1^2 L_3^2} + j \cdot \omega_1 \left(L_1 - L_3 \cdot \frac{\omega_1^2 \cdot M_{13}^2}{R_3^2 + \omega_1^2 L_3^2} \right),$$

$$\mathfrak{Z}_2 = \frac{R_2 + R_k}{s} + R_3 \cdot \frac{\omega_1^2 \cdot M_{23}^2}{R_3^2 + \omega_1^2 L_3^2} + j \cdot \omega_1 \left(L_2 + L_k - L_3 \cdot \frac{\omega_1^2\, M_{23}^2}{R_3^2 + \omega_1^2 L_3^2} \right),$$

$$\mathfrak{M} = R_3 \cdot \frac{\omega_1^2 \cdot M_{13} \cdot M_{23}}{R_3^2 + \omega_1^2 L_3^2} + j \cdot \omega_1 \left(M_{12} - L_3 \cdot \frac{\omega_1^2\, M_{13} \cdot M_{23}}{R_3^2 + \omega_1^2 L_3^2} \right).$$

Die Gleichung (4) stellt, wie unter „A. T." gezeigt wurde, einen durch den Fußpunkt von $\mathfrak{J}_2'$ gehenden Kreis dar, welcher gerade wie im Falle der kompensierten Asynchronmaschine mit eigenerregtem Kompensator (siehe Abschnitt 4) Grundkreis genannt werden möge.

Es soll jetzt die Gleichung für den geometrischen Ort, auf dem die Vektorspitze von $\mathfrak{J}_2'$ bei Änderung des Schlupfes läuft, wenn der Kompensator vom Primärnetze erregt wird, aufgestellt werden. Dazu sei von den Gleichungen (1), (2) und (3) ausgegangen. Gleichung (1) und (3) kann unverändert übernommen werden. Die Gleichung (2) erhält aber auf der linken Seite anstatt der Größe Null im Falle a) den Wert $\mathfrak{U}_2 \dfrac{1}{s}$, und im Falle b) den Ausdruck $\mathfrak{U}_2 \cdot \left(\dfrac{1-s}{s} \right)$. Die Asynchronmaschine erhält nun nicht nur primärseitig sondern auch sekundärseitig eine Spannung aufgedrückt, als Folge des an die Rotorwicklung angeschlossenen fremderregten Kompensators. Im Falle a) lautet nun Gleichung (2)

$$\frac{\mathfrak{U}_2}{s} = \mathfrak{J}_1 \cdot \mathfrak{m}_{12} + \mathfrak{J}_2 \cdot \mathfrak{z}_2 + \mathfrak{J}_3 \cdot \mathfrak{m}_{23} \tag{5}$$

und im Falle b) geht sie in die Form über

$$\mathfrak{U}_2 \cdot \left(\frac{1-s}{s} \right) = \mathfrak{J}_1 \cdot \mathfrak{m}_{12} + \mathfrak{J}_2 \cdot \mathfrak{z}_2 + \mathfrak{J}_3 \cdot \mathfrak{m}_{23}. \tag{6}$$

Indem wieder die Ströme $\mathfrak{J}_1$, $\mathfrak{J}_2$ und $\mathfrak{J}_3$ aus den Gleichungen (1), (3) und (5) eliminiert werden und der Kompensationsstrom mit Hilfe der Beziehung

$$\frac{\mathfrak{J}_2}{\mathfrak{J}_2'} = - \frac{\mathfrak{Z}_1}{\mathfrak{M}}$$

in den Rechnungsgang eingeführt wird, gewinnt man die Gleichung

$$\mathfrak{J}_2' = \frac{\mathfrak{U}_1 \cdot \dfrac{\mathfrak{M}^2}{\mathfrak{Z}_1^2} - \dfrac{\mathfrak{U}_2}{s} \cdot \dfrac{\mathfrak{M}}{\mathfrak{Z}_1}}{\left(\mathfrak{Z}_2 - \dfrac{\mathfrak{M}^2}{\mathfrak{Z}_1} \right)}. \tag{7}$$

Wird dasselbe mit dem Gleichungssystem (1), (3) und (6) durchgeführt, dann erhält man die Gleichung

$$\mathfrak{J}_2' = \frac{\mathfrak{U}_1 \cdot \dfrac{\mathfrak{M}^2}{\mathfrak{Z}_1^2} - \mathfrak{U}_2 \dfrac{1-s}{s} \cdot \dfrac{\mathfrak{M}}{\mathfrak{Z}_1}}{\left(\mathfrak{Z}_2 - \dfrac{\mathfrak{M}^2}{\mathfrak{Z}_1}\right)} . \tag{8}$$

Der hierbei verwendete Rechnungsgang ist unter „A. T." ausführlich zur Darstellung gebracht (siehe Abschnitt 1).

In erster Linie muß die Diagrammkurve, welche durch die Gleichung (7) bzw. (8) bestimmt wird, ihrem Charakter nach untersucht werden. Der in der symbolischen Darstellungsweise von Kurven wenig geübte Leser hat sich den Inhalt von Abschnitt 10 vor Augen zu führen.

Die rechten Seiten der Gleichungen (7) und (8) lassen sich auf die Form bringen

$$\frac{\mathfrak{A} + \mathfrak{B} \cdot p}{\mathfrak{C} + \mathfrak{D} \cdot p} .$$

Hierin sind die Größen $\mathfrak{A}$, $\mathfrak{B}$, $\mathfrak{C}$ und $\mathfrak{D}$ im allgemeinsten Falle komplexe Zahlen, und der Faktor p einen durch den Schlupf s bestimmten Parameter. Man erkennt jetzt, daß der geometrische Ort auf dem die Vektorspitze des Kompensationsstromes bei Änderung der Schlüpfung marschiert ein Kreis von allgemeiner Lage ist. Die weitere Aufgabe besteht nun in der Bestimmung der Kreiskonstruktion. Vorerst möge dies für den Fall a) geschehen.

Unterdrückt man im Zähler der Gleichung (7) das zweite Glied, dann geht dieselbe über in

$$\mathfrak{J}_2' = \mathfrak{U}_1 \cdot \frac{\mathfrak{M}^2}{\mathfrak{Z}_1^2} \frac{1}{\left(\mathfrak{Z}_2 - \dfrac{\mathfrak{M}^2}{\mathfrak{Z}_1}\right)} .$$

Man erblickt sofort die zwischen dieser Gleichung und der im obigen aufgestellten Gleichung (4) bestehende Übereinstimmung. Der durch die Gleichung (7) dargestellte Kreis muß demnach offenbar in einfacher Weise aus dem Grundkreise hervorgehen. Setzt man in der Gleichung (7) für den Schlupf s den Wert unendlich, dann wird das zweite Glied des Zählers zu Null. Hieraus geht hervor, daß der zu bestimmende Kreis mit dem Grundkreise für $s = \infty$ einen gemeinsamen Punkt besitzt. Der Kreis von allgemeiner Lage wird daher am einfachsten von der folgenden Tatsache ausgehend festgelegt: Der Punkt $s = \infty$ muß als gemeinsamer Punkt ein Drehpunkt sein. Verdreht man den Grundkreis um diesen Drehpunkt, und nimmt eine gleichmäßige Kreisvergrößerung vor, dann ergibt sich aus dem Grundkreis der Kreis allgemeiner Lage. Untersucht man diesen Übergang geometrisch, dann erkennt man, daß die Strahlen, welche die einander entsprechenden Punkte des Grundkreises und des Kreises allgemeiner Lage miteinander verbinden alle durch einen Punkt gehen. Dieser ausgezeichnete Punkt ist der sich ergebende Schnittpunkt der beiden Kreise. Siehe Abb. 14.

Der Grundkreis ist durch Gleichung (4) und seine Konstruktion unter „A. T." festgelegt. Kennt man einmal den Punkt für $s = \infty$, sowie einen dem Grundkreise entsprechenden Punkt, dann liegt der gesuchte Kreis fest. Der Schnittpunkt der beiden Kreise, er sei mit K benannt, liegt auf der Verlängerung der Verbindungsgeraden der einander entsprechenden Punkte.

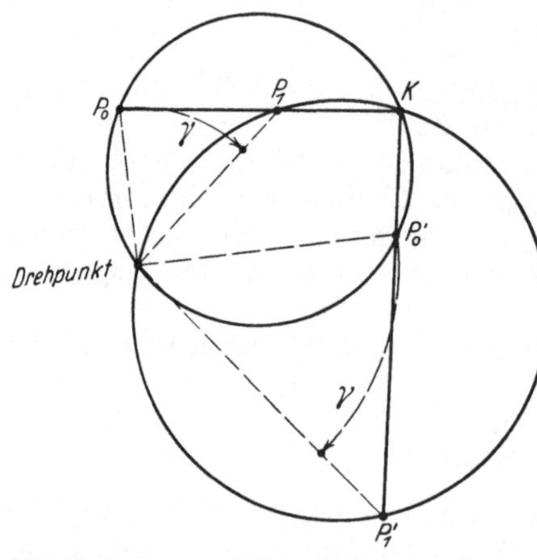

Abb. 14. Drehung und Vergrößerung eines Kreises. Die Verbindungsgeraden einander entsprechender Punkte gehen durch den Schnittpunkt K.

Der Punkt für $s = \infty$ wurde bereits schon bei der Aufstellung des Kreisdiagrammes für die kompensierte Asynchronmaschine mit eigenerregtem Kompensator ermittelt (siehe Abschn. 4). An jener Stelle wurde ein Winkel ε eingeführt, welcher von dem Spannungsvektor $\mathfrak{U}_1 \cdot \dfrac{\mathfrak{M}^2}{\mathfrak{Z}_1^2}$ und der Sehne, die den Punkt $s = 0$ und den Punkt $s = \infty$ verbindet, gebildet wird. Der Tangens des Winkels ε drückte sich aus durch

$$\operatorname{tg}\varepsilon = \frac{2\,(\tau_{12} + \sin^2\alpha)}{\sin 2\,\alpha - \sin 2\,\varphi_e + 2\,\operatorname{ctg}\varphi_e}.$$

Die in diesem Ausdruck vorkommenden Winkel α und φ_e bedeuten, wenn φ_0 der Leerlaufswinkel der Asynchronmaschine bei vom Primärnetze abgeschaltetem Kompensator ist:

$$\alpha = \varphi_e - \varphi_0,$$

$$\varphi_e = \varphi_0 \text{ wenn } R_1 = 0.$$

Ein weiterer Punkt des Diagrammkreises wird durch die Bestimmung der einander auf den beiden Kreisen entsprechenden Synchronismuspunkte gewonnen. Der Punkt für $s = 0$ des Grundkreises liegt durch die Konstruktion dieses Kreises bereits fest. Der entsprechende Punkt auf dem Diagrammkreis wird durch die Bestimmung von Größe und Richtung des Vektors $\mathfrak{J}_2'$ nach Gleichung (7) für $s = 0$ für gewonnen. Die Impedanz $\left(\mathfrak{Z}_2 - \dfrac{\mathfrak{M}^2}{\mathfrak{Z}_1}\right)$ dieser Gleichung ist zu diesem Zwecke so umzuformen, daß deren Abhängigkeit vom Schlupf s ersichtlich wird. Greift man zurück auf die Bedeutung der Größen $\mathfrak{Z}_1, \mathfrak{Z}_2$ und $\mathfrak{M}$, dann erkennt man die Richtigkeit der Schreibweise

$$\left(\mathfrak{Z}_2 - \frac{\mathfrak{M}^2}{\mathfrak{Z}_1}\right) = \frac{R_2 + R_K}{s} + g + j \cdot h.$$

Hierin sind die Größen g und h reelle Werte. Die Gleichung (7) hat jetzt die Form

$$\mathfrak{J}_2' = \frac{\mathfrak{U}_1 \cdot \dfrac{\mathfrak{M}^2}{\mathfrak{Z}_1^2} - \dfrac{\mathfrak{U}_2}{s} \cdot \dfrac{\mathfrak{M}}{\mathfrak{Z}_1}}{\dfrac{R_2 + R_K}{s} + g + j \cdot h}.$$

Wird in dieser Gleichung für die Schlüpfung s der Wert Null gesetzt, dann erhält man die Bestimmungsgleichung für den Kompensationsstrom der synchronlaufenden kompensierten Asynchronmaschine, dieselbe lautet

$$\mathfrak{J}'_{20} = -\frac{\mathfrak{U}_2}{R_2 + \mathfrak{R}_K} \cdot \frac{\mathfrak{M}}{\mathfrak{Z}_1}.$$

Die Richtung dieses Vektors $\mathfrak{J}'_{20}$ ist, wie aus dieser Gleichung hervorgeht, um das Argument der Größe $\dfrac{\mathfrak{M}}{\mathfrak{Z}_1}$ aus der Richtung des Spannungsvektors $-\mathfrak{U}_2$ herausgedreht. Unter „A. T." wurde der Wert dieses Argumentes bereits bestimmt und mit dem Winkel α bezeichnet, wobei die Beziehung bestand

$$\alpha = \varphi_e - \varphi_0.$$

Der Betrag des Vektors $\mathfrak{J}'_{20}$ muß noch berechnet werden. Diese Berechnung erfolgt auf Grund der durch Abb. 1 graphisch dargestellten Beziehungen, welche unter „A. T." ermittelt wurden. Die Betrachtung jener Abbildung zeigt, daß bei Vernachlässigung der Strecke $\omega \cdot \lambda$ die Proportion besteht

$$\frac{\mathfrak{M}\,\dfrac{M_{13}}{M_{23}}}{\mathfrak{Z}_1} = \frac{\sin \varphi_0}{\sin \varphi_e}.$$

Die genannte Vernachlässigung ist, wie ebenfalls unter „A. T." gezeigt wurde, zulässig. Ausgehend von der eben angeschriebenen Proportion wird der Betrag von $\dfrac{\mathfrak{M}}{\mathfrak{Z}_1}$ ermittelt, indem beide Seiten mit dem Faktor $\dfrac{M_{23}}{M_{13}}$ multipliziert werden. Der Quotient $\dfrac{M_{23}}{M_{13}}$ drückt sich auch aus durch

$$\frac{M_{23}}{M_{13}} = \sqrt{\frac{L_2}{L_1} \cdot \frac{1 + \tau_{13}}{1 + \tau_{23}}},$$

wenn man bedenkt, daß

$$M_{13}^2 = \frac{L_1 \cdot L_3}{1 + \tau_{13}}, \qquad M_{23}^2 = \frac{L_2 \cdot L_3}{1 + \tau_{23}}.$$

Ist n_1 bzw. n_2 die Windungszahl der Stator- bzw. der Rotorwicklung der Asynchronmaschine, dann läßt sich bekannterweise schreiben

$$\frac{n_1}{n_2} = \sqrt{\frac{L_1}{L_2}},$$

womit der obige Quotient übergeht in die Schreibweise

$$\frac{M_{23}}{M_{13}} = \frac{n_2}{n_1} \cdot \frac{\sqrt{1 + \tau_{13}}}{\sqrt{1 + \tau_{23}}}.$$

Infolge der Kleinheit der Streufaktoren im Vergleich zu 1 darf ohne Bedenken gesetzt werden

$$\sqrt{1 + \tau_{13}} \simeq \frac{1}{1 - \dfrac{\tau_{13}}{2}}, \qquad \sqrt{1 + \tau_{23}} \simeq \frac{1}{1 - \dfrac{\tau_{23}}{2}},$$

und da, wie unter „A. T." auseinandergesetzt wurde, der Streukoeffizient τ_{13} etwa den vierten Teil des Streukoeffizienten τ_{12} ausmacht und $\tau_{23} \cong \tau_{12}$ ist, kann auch geschrieben werden

$$\frac{M_{23}}{M_{13}} \cong \frac{n_2}{n_1} \cdot \frac{1 - \dfrac{\tau_{12}}{2}}{1 - \dfrac{\tau_{12}}{8}}$$

oder bei der geringfügigen Vernachlässigung des Gliedes $\dfrac{\tau_{12}}{8}$ erhält man

$$\frac{M_{23}}{M_{13}} \cong \frac{n_2}{n_1} \left(1 - \frac{\tau_{12}}{2}\right).$$

Die Durchführung der genannten Multiplikation mit dem Faktor $\dfrac{M_{23}}{M_{13}}$ liefert jetzt den Betrag von

$$\left|\frac{\mathfrak{M}}{\mathfrak{Z}_1}\right| \cong \frac{\sin \varphi_0}{\sin \varphi_e} \cdot \frac{n_2}{n_1} \cdot \left(1 - \frac{\tau_{12}}{2}\right),$$

und der Betrag des Stromvektors $\mathfrak{J}'_{20}$ ergibt sich damit zu

$$\left|\mathfrak{J}'_{20}\right| \cong \frac{|\mathfrak{U}_2|}{R_2 + R_K} \cdot \frac{\sin \varphi_0}{\sin \varphi_e} \cdot \frac{n_2}{n_1} \cdot \left(\frac{1 - \tau_{12}}{2}\right).$$

Die Eintragung des Kompensationsstromes $\mathfrak{J}'_{20}$ bei synchroner Drehzahl der Asynchronmaschine legt den Synchronismuspunkt des Diagrammkreises fest. Nachdem nun genügend Vorbereitungen zur Konstruktion des Diagrammes getroffen sind, soll dasselbe in seinem Aufbau erläutert werden. Dies geschehe an Hand der Abb. 15.

Im Bezugspunkt 0 des Diagrammes sei mit dem Sinn vertikal nach aufwärts gerichtet der Spannungsvektor $\mathfrak{U}_1$ erstellt. An diesen Vektor wird unter dem Betrage des Leerlaufswinkels φ_0 der Leerlaufstrom $\mathfrak{J}_0$ den die Asynchronmaschine bei nicht erregtem Kompensator aufnimmt, angetragen. Durch die Spitze dieses Vektors $\mathfrak{J}_0$ legt man eine Horizontale, mit welch letzteren der Grundkreisdurchmesser den Winkel 2α einschließt. Die Konstruktion des Winkels α ist die folgende: Man zieht durch die Vektorspitze von $\mathfrak{U}_1$ eine Parallele zu dem Strome $\mathfrak{J}_0$ und trägt auf derselben die Ohmsche EMK $\mathfrak{J}_0 \cdot R_1$ ab. Die Seite, welche mit den Vektoren $\mathfrak{U}_1$ und $\mathfrak{J}_0 \cdot R_1$ ein Dreieck bildet, schließt mit dem Vektor $\mathfrak{U}_1$ den Winkel α ein (siehe unter „A. T.").

Die Länge des Grundkreisdurchmessers d_g berechnet sich nach der ebenfalls unter „A. T." hergeleiteten Bestimmungsgleichung (7), die lautet

$$d_g = \frac{J_0 \cdot \sin \varphi_0}{\tau_{12} + \sin^2 \alpha}.$$

Es ist zu beachten, daß der in dieser Gleichung auftretende Streuungskoeffizient τ_{12} unter Berücksichtigung der durch den Kompensator vergrößerten Induktivität des Rotors der Asynchronmaschine ermittelt werden muß. Der Grundkreis kann jetzt gezeichnet werden, worauf auf demselben der Punkt für $s = \infty$ festgelegt wird.

Der im obigen aufgestellte Bestimmungsausdruck für tg ε gestattet die Berechnung des Winkels ε. Trägt man den Winkel ε an den Spannungsvektor $\mathfrak{U}_1 \cdot \dfrac{\mathfrak{M}^2}{\mathfrak{Z}_1^2}$ an, dann wird aus dem Grundkreise der Punkt

für $s = \infty$ herausgeschnitten. Der Vektor $\mathfrak{U}_1 \cdot \dfrac{\mathfrak{M}^2}{\mathfrak{Z}_1^2}$ steht, wie unter

„A. T." gefunden wurde, senkrecht zur Richtung des Grundkreisdurchmessers.

Der eigentliche Diagrammkreis ergibt sich, indem zunächst sein Synchronismuspunkt festgelegt wird, was durch die Eintragung des Stromvektors $\mathfrak{J}_{20}'$ geschieht. Die Richtung und die Größe dieses Vektors bestimmt sich mit Hilfe der im obigen besonders für diesen Zweck hergeleiteten Beziehungen, während die Größe und die Richtung des Spannungsvektor $\mathfrak{U}_2$ durch den Stufen- oder Drehtransformator, welcher

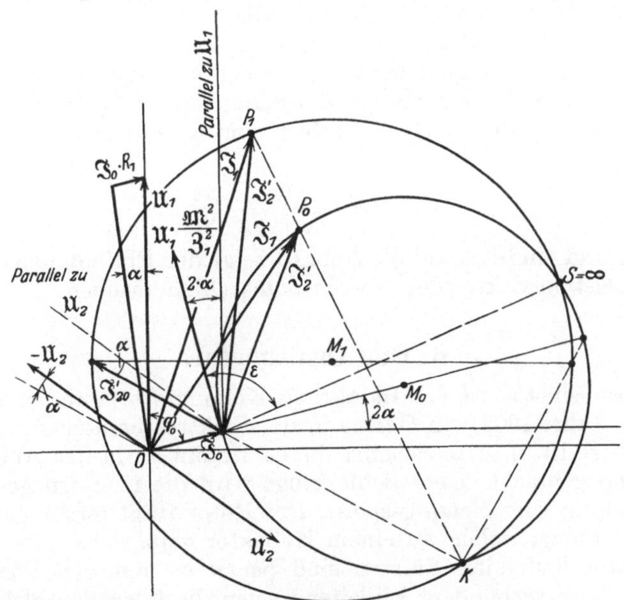

Abb. 15. Genaues Kreisdiagramm des kompensierten Asynchronmotors mit fremderregtem Kompensator.

zwischen dem Primärnetz und dem Kompensator liegt, bedingt wird. Man trägt im Bezugspunkt O des Diagrammes den Vektor $\mathfrak{U}_2$ ein, hierauf den Vektor $-\mathfrak{U}_2$, worauf durch Anlegen des Winkels α an den letzteren Vektor die Richtung von $\mathfrak{J}_{20}'$ erhalten wird. Die Abtragung des Betrages von $\mathfrak{J}_{20}'$ auf der so gewonnenen Richtung, ausgehend vom Punkte O, liefert den Synchronismuspunkt.

Die Verlängerung der Verbindungsgeraden der Synchronismuspunkte beider Kreise ergibt deren Schnittpunkt K. Der Diagrammkreis liegt somit fest, da von demselben drei Punkte bekannt sind.

Wird der Fall b) in das Auge gefaßt, dann erkennt man, daß die Konstruktion des Diagrammkreises analog wie im Falle a) durchgeführt werden kann. Wenn man nämlich zu der Gleichung (8), welche den Fall b) darstellt, zurückblickt, dann geht diese Gleichung in diejenige des Grundkreises über, wenn für die Schlüpfung s der Wert 1 gesetzt wird. Im Falle a) mußte man, um dies zu erreichen, für s den Wert unendlich setzen. Man hat somit auch für den Fall b) einen gemeinsamen Punkt der beiden Kreise gefunden, dessen Festlegung wiederum mit Hilfe eines Winkels ε erfolgt, der von dem Spannungsvektor $\mathfrak{U}_1 \cdot \dfrac{\mathfrak{M}^2}{\mathfrak{Z}_1^2}$ und dem Strahle, welcher nach dem Punkte für $s = 1$ hinweist, gebildet wird. Die Bestimmung dieses Winkels ε hat genau nach denselben Richtlinien zu geschehen, wie sie an der entsprechenden Stelle im vorangehenden Abschnitte auseinandergesetzt wurden. Selbstredend ist dann statt des Wertes unendlich für die Schlüpfung 1 zu setzen. Der Synchronismuspunkt auf dem Diagrammkreis wird im Falle b) auf dieselbe Weise wie im Falle a) berechnet, da weder die Richtung noch der Betrag des Vektors $\mathfrak{J}_{20}'$ eine Veränderung erfahren.

Der Grad der Kompensation des Asynchronmotors hängt vor allem von der Größe und der Richtung des Stromvektors $\mathfrak{J}_{20}'$ bzw. des Spannungsvektors $\mathfrak{U}_2$ ab. Letztere Größen sind ja miteinander durch die Beziehung

$$J_{20}' = -\frac{\mathfrak{U}_2}{R_2 + R_K} \cdot \frac{\mathfrak{M}}{\mathfrak{Z}_1}$$

verkettet, und ein Blick auf die Abb. 15 zeigt den Einfluß, den dieselben auf den Leistungsfaktor der Asynchronmaschine ausüben.

6. Der Osnosmotor.

Der Osnosmotor ist ein Induktions-Kommutatormotor, und wurde bereits im Jahre 1902 von Osnos in der Elektrotechnischen Zeitschrift publiziert (S. 1075). Das Schema dieses Motors ist in der Abb. 12 zur Darstellung gebracht. Über Schleifringe wird die in Stern geschaltete Rotorwicklung vom Netze gespeist. Der Rotor trägt ferner eine Kommutatorwicklung, welche zu einem Kollektor geführt ist. Die auf dem Kommutator laufenden Bürsten sind paarweise mit den Phasen der Statorwicklung verbunden. Einleitend seien die folgenden elektrischen Merkmale, die ohne weitere Erklärungen verständlich sind, an dieser Motortype hervorgehoben:

Die Drehstromwicklung auf dem Rotor erzeugt ein Drehfeld, gerade wie es vom gewöhnlichen Asynchronmotor bekannt ist. Dieses Drehfeld läuft mit konstanter Geschwindigkeit um den Rotor herum, und zwar entgegen der Rotordrehrichtung. Die Drehgeschwindigkeit des Drehfeldes auf dem Rotor ist synchron. Hieraus folgt, daß, wenn der Rotor mit synchroner Drehzahl liefe, das Drehfeld räumlich stillstehen würde. In der Kommutatorwicklung werden durch das Drehfeld Ströme von Netzfrequenz erzeugt. An den Bürsten des Kommutators weisen die Spannungen jedoch Schlupffrequenz auf. Auch haben die durch das Drehfeld in den Phasen der Statorwicklung induzierten Ströme Schlupffrequenz. Die Größe der zwischen den Bürsten bestehenden Spannungen ist vom Winkelabstand der Bürsten sowie von der Höhe der Netzspannung abhängig. Die Bürstenspannungen werden aber von der Größe der Drehzahl des Rotors nicht beeinflußt, da die Relativgeschwindigkeit zwischen den Stäben der Kommutatorwicklung und dem Drehfeld stets dieselbe bleibt. Würde man die Phasen der Statorwicklung von den Kommutatorbürsten ablösen und kurzschließen, dann hätte man einen gewöhnlichen Asynchronmotor vor sich. Das eigentliche Verhalten des Osnosmotors muß daher gerade von der Kombination Statorkommutatorwicklung herrühren. Es soll nun das Verhalten des Osnosmotors auseinandergesetzt werden. Um die Verhältnisse möglichst durchsichtig zu gestalten, sei die Statorwicklung zu einer Zweiphasenwicklung vereinfacht. Das Schema des Motors geht damit in Abb. 16 über. Zu beachten ist, daß die Achse eines Bürstenpaares senkrecht zur Achse der entsprechenden Statorphase gelegt ist. Später wird auch der Fall mit gleichliegenden Achsen behandelt. Aus diesen beiden Fällen läßt sich das Verhalten bei allgemeiner Bürstenstellung ohne weiteres überblicken. Der Einfachheit wegen sei der Motor zweipolig angenommen.

Denkt man sich den Osnosmotor synchron angetrieben, dann steht das Drehfeld räumlich still. Die Bürstenspannungen sind dann Gleichspannungen. In den Phasen der Statorwicklung werden vom Drehfeld keine Spannungen induziert. Da aber diese Phasen an die Bürsten angeschlossen sind, fließen in denselben Gleichströme. Man hat somit nicht nur primär- sondern auch sekundärseits Amperewindungen, woraus hervorgeht, daß das Drehfeld die Resultante ist, gebildet aus dem Primär- und Sekundärfeld. Das Sekundärfeld wird aus zwei Komponenten gebildet, welche von den um 90° gegeneinander verschobenen Sekundärphasen herrühren. Die Lage dieser Komponenten ist

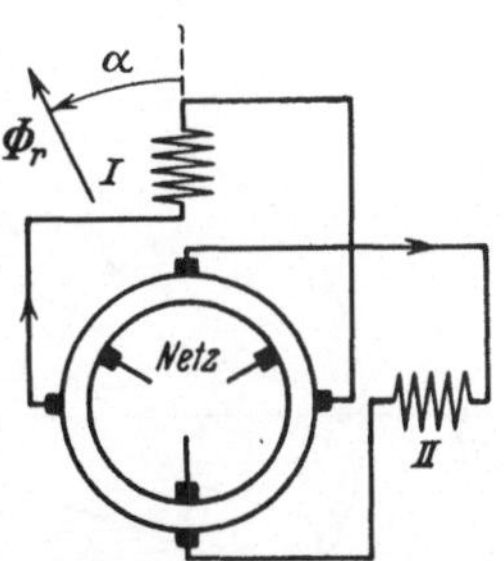

Abb. 16. Eigenerregter Osnosmotor mit zweiphasiger Sekundärwicklung.

durch die Konstruktion der Maschine räumlich festgelegt, nicht aber diejenige des Drehfeldes. Ist der Gang der Maschine asynchron, dann dreht das Drehfeld kontinuierlich gegen den Drehsinn des Rotors. Bei synchroner Drehzahl steht das Drehfeld räumlich still, und es fragt sich dann nur, welche Stellung dasselbe gegenüber den Achsen der Sekundärphasen einnimmt. Aus der Erkenntnis heraus, daß bei Vergrößerung resp. bei Verkleinerung der Belastung der Rotor momentan verzögert bzw. beschleunigt wird, ergibt sich, daß bei Wiederherstellung der synchronen Drehzahl das Drehfeld sich im Rotordrehsinne bzw. im Gegenrotordrehsinne verschoben hat. Es ist nun von Interesse zu untersuchen, wie das Sekundärfeld durch die Verschiebung des Drehfeldes gegenüber dem Sekundärteil beeinflußt wird. Diese Betrachtung liefert nämlich Aufschluß über das Verhalten des Osnosmotors bei der in Abb. 16 angenommenen Bürstenstellung.

Die Abb. 17 zeigt das gesuchte Felddiagramm. Hierbei ist angenommen, daß die magnetische Dichte nur so weit gesteigert ist, daß die Feldvektoren auch als Amperewindungen angesehen werden können. Der Drehsinn der Vektoren ist im Gegenuhrzeigersinn. Die EMK E_1

der Primärwicklung ist als Vektor vom Fußpunkte 0 des Diagrammes vertikal nach aufwärts eingezeichnet. Der das Drehfeld darstellende Vektor Φ_r eilt um 90^0 dem Vektor E_1 vor. Es ist zunächst angenommen, daß die Achse des Drehfeldes mit der Achse der Sekundärphase I zusammenfällt. Die Amperewindungen dieser Phase sind dann maximal, während diejenigen der Sekundärphase II den Wert Null aufweisen. Dies ist durch die Bürstenstellungen bedingt. Beträgt der Winkel α, welcher die Verdrehung des Drehfeldes gegenüber der Achse der Sekundärphase I kennzeichnet, 90^0, dann sind die Amperewindungen der Phase I Null und der Phase II maximal. Da beide Sekundärphasen gleich gebaut sind, fallen die Maximalwerte der Amperewindungen in beiden Phasen gleich groß aus. Man erkennt ohne Schwierigkeit, daß die Änderung der Amperewindungen bei Verdrehung des Drehfeldes Φ_r in der Sekundärphase I nach der Funktion $\cos \alpha$ und in der Sekundärphase II nach der Funktion $\sin \alpha$ erfolgt. Daraus ergibt sich, daß die re-

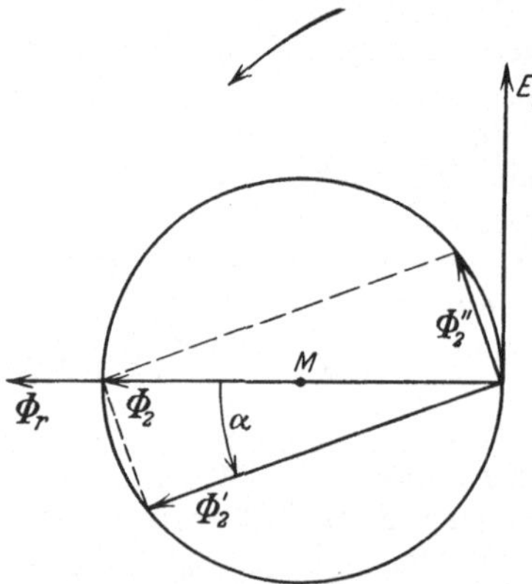

sultierenden Sekundäramperewindungen bzw. das denselben entsprechende Feld der Größe nach unveränderlich bleibt, wie auch die Lage des Drehfeldes gegenüber dem Sekundärteil sei. Das Sekundärfeld ist mit dem Vektor Φ_2 zur Darstellung gebracht, seine Komponenten sind mit Φ_2' und Φ_2'' bezeichnet. Während die Größe des Feldvektors Φ_2 von dem Werte des Winkels α unbeeinflußt bleibt, wird hingegen die Lage von Φ_2 in bezug auf den Sekundärteil verändert, und interessanterweise gerade im selben Maße wie die Verschiebung des Drehfeldvektors Φ_r stattfindet, die Vektoren Φ_r und Φ_2 liegen dabei stets koaxial.

Abb. 17. Felddiagramm des Osnosmotors bei Bürstenstellung nach Abb. 16.

Festzustellen ist noch der Sinn des Vektors Φ_2. Nimmt man an, daß die Stromrichtung von Klemme zu Klemme einer Wicklung auch die Richtung des Feldes dieser Wicklung ist, dann ist zurückgreifend auf den in Abb. 16 eingezeichneten Stromsinn der Sinn des Vektors Φ_2 gleich demjenigen des Vektors Φ_r zu zeichnen. Im Felddiagramm der Abb. 17 wurde nun der besseren Übersicht wegen statt der Sekundärphasen der Vektor Φ_r des Drehfeldes festgehalten. Prinzipiell ist dies dasselbe, wie wenn der Sekundärteil feststeht und das Drehfeld verschoben wird, man hat nur zu beachten, daß der Sinn der Verdrehung der Sekundärphasen entgegengesetzt dem Sinne der Verschiebung des Drehfeldes zu erfolgen hat. Unter diesen Verhältnissen wandern die Spitzen der Vektoren Φ_2' und Φ_2'' auf einem Kreis, dessen Mittelpunkt in der Mitte des Vektors Φ_2 liegt.

Einleitend der obigen Betrachtung wurde gesagt, daß der Rotor synchron angetrieben werde. Es frägt sich aber, ob der Motor unter dieser Annahme nicht ein Drehmoment entwickelt. Da der Vektor Φ_2

mit dem Vektor Φ_r koaxial liegt, und zwar für alle Werte des Winkels α, kann kein Drehmoment zustande kommen. Auch das Wechseln der Bürstenverbindungen führt nicht zur Entwicklung eines Drehmomentes, weil dadurch nur der Sinn des Vektors Φ_2 entgegengesetzt wird, und die koaxiale Lage von Φ_2 und Φ_r bestehen bleibt. Man erkennt also, daß der Osnosmotor mit der in Abb. 16 angenommenen Bürstenstellung sich selbst überlassen die synchrone Drehzahl nie erreicht. Es kann nur ein Induktionsmotor-Drehmoment geschaffen werden. Ferner ist zu beachten, daß der Osnosmotor mit der genannten Bürstenstellung Phasenkompensation aufweist. Infolge der Konstanz der EMK E_1 muß auch die Größe des Feldvektors Φ_r erhalten bleiben. Ist nun z. B. der Feldvektor Φ_2 größer als der Feldvektor Φ_r, jedoch mit gleichem Sinn, dann sind entmagnetisierende Primärströme erforderlich, damit die resultierende Erregung konstant bleibt, was mit einer Kompensation des Motors gleichbedeutend ist. Bei entgegengesetztem Sinn der Vektoren Φ_2 und Φ_r muß der Motor magnetisierende Ströme aufnehmen. Sind die Vektoren Φ_2 und Φ_r einander gleich, dann ist bei der idealen Maschine der Leistungsfaktor gleich 1, bei der wirklichen Maschine stellt sich aber der magnetisierende Strom ein, womit der Leistungsfaktor sich etwas verkleinert. Es möge jetzt zur Betrachtung des Verhaltens des Osnosmotors geschritten werden, wenn dessen Bürstenstellung wie in Abb. 18 gekennzeichnet ist. Die Achsen der Bürstenpaare decken sich mit den Achsen der entsprechenden Statorphasen. Das Felddiagramm gestaltet sich in diesem Falle wie Abb. 19 zeigt. Dasselbe sei kurz erläutert.

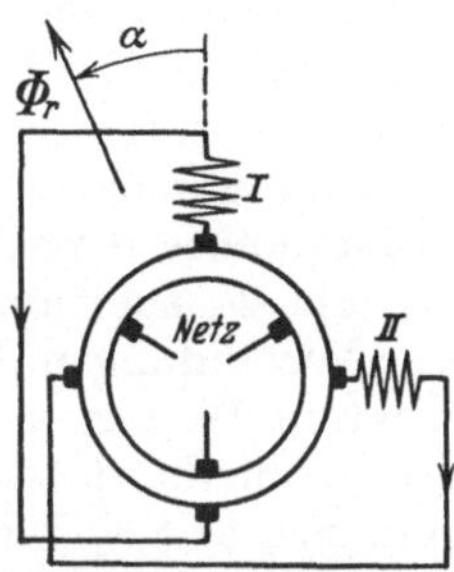

Abb. 18. Eigenerregter Osnosmotor mit zweiphasiger Sekundärwicklung.

Die EMK E_1 des Primärteiles ist wiederum als Vektor vom Fußpunkte O des Diagrammes vertikal nach aufwärts aufgetragen. Der Drehfeldvektor Φ_r eilt um 90^0 dem Vektor E_1 vor. Statt den Vektor Φ_r im Diagramme zu verdrehen, soll auch wieder der Sekundärteil verschoben

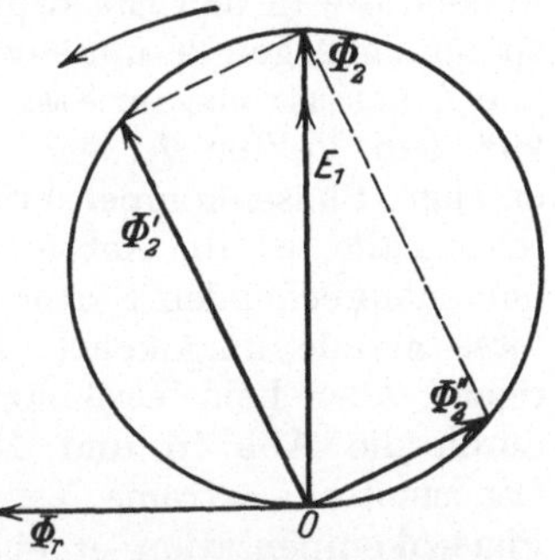

Abb. 19. Felddiagramm des Osnosmotors bei Bürstenstellung nach Abb. 18.

werden. Hat der Winkel α den Wert Null, dann sind die Amperewindungen der Statorphase I Null und der Statorphase II am größten. Hierbei ist natürlich wieder angenommen, daß der Rotor synchron angetrieben werde. Hat der Winkel α den Wert von 90^0, dann sind die Amperewindungen der Phase I maximal und der Phase II Null. Im bereits behandelten Falle der Abb. 17 waren diese Verhältnisse gerade umgekehrt. Für alle Werte des Winkels α zwischen 0 und 90^0 nehmen die Amperewindungen der Statorphasen solche Werte an, daß die resultierenden Sekundär-Amperewindungen gerade wie im vorangehenden Falle stets von konstanter Größe bleiben. Was sich eigentlich geändert hat gegenüber dem Diagramme der Abb. 17 ist, daß der resultierende Feldvektor Φ_2 nicht mehr mit dem Drehvektor Φ_r koaxial liegt, sondern demselben um 90^0 nacheilt, also mit dem EMK-Vektor E_1 zusammenfällt. Die Feldvektoren Φ_2' und Φ_2'', welche die Komponenten des Vektors Φ_2 darstellen, marschieren während der Verschiebung des Drehfeldvektors Φ_r mit ihren Spitzen auf einem Kreis, dessen Mittelpunkt in der Mitte des Vektors Φ_2 liegt.

Man erkennt, daß bei der jetzt betrachteten Bürstenstellung des Osnosmotors derselbe ein Drehmoment entwickelt, weil die Vektoren Φ_r und Φ_2 zueinander in Phasenquadratur stehen. Durch Vertauschen der Verbindungen der Statorphasen mit den Bürsten wird der Sinn des Vektors Φ_2 umgekehrt, wodurch das Drehmoment der Größe nach bestehen bleibt, jedoch den Drehsinn ändert. Überläßt man den Motor nun sich selbst, dann wird infolge des zur Geltung kommenden Drehmomentes die synchrone Drehzahl über- oder unterschritten, je nachdem das Drehmoment im Sinne oder gegen den Sinn der Rotorbewegung gerichtet ist. Die Drehzahl wird aber begrenzt, da in den Sekundärphasen bei asynchronem Gang Spannungen induziert werden, die den Bürstenspannungen entgegen wirken. Wirkt das Drehmoment z. B. beschleunigend, so daß übersynchrone Drehzahl erreicht wird, dann werden die Bürstenspannungen von den in den Statorphasen induzierten Spannungen bis zu dem Maße aufgehoben, daß im Stator gerade noch die erforderlichen Arbeitsströme auftreten können. Bei umgekehrt gerichtetem Drehmoment, wo der Motor untersynchrone Drehzahl annimmt, müssen die in den Statorphasen induzierten Spannungen die Bürstenspannungen gerade um soviel übertreffen, daß wiederum die notwendigen Arbeitsströme im Stator zustande kommen. Solange der Vektor Φ_2 90^0 dem Vektor Φ_r vor- oder nacheilt wird wohl ein Drehmoment erzeugt, Phasenkompensation ist aber nicht möglich. Im erst betrachteten Falle, wo die Achsen der Bürstenpaare um 90^0 gegen die Achsen der entsprechenden Statorphasen verdreht waren, lagen diese Verhältnisse gerade umgekehrt. Dort wurde wohl Phasenkompensation erreicht, aber kein Drehmoment erhalten. Man erkennt also, daß die durch die Abb. 16 und 18 gekennzeichneten Bürstenstellungen des Osnosmotors extreme Verhältnisse in bezug auf Drehmoment und Phasenkompensation ergeben. Werden andere Bürstenstellungen eingenommen, dann beeinflussen die Bürstenspannungen zugleich die Drehzahl und den Leistungsfaktor, was aus den betrachteten Grenzfällen ohne weitere Auseinandersetzungen zu ersehen ist. Gemeint ist natürlich immer, daß die Bürsteneinrichtung als starres Gebilde verschoben wird, nicht daß etwa die Bürsten einander näher gebracht werden. Als wesentliches Verhalten des Osnosmotors ist zu erkennen, daß seine Drehzahl asynchronen Charakter besitzt und mit der Größe der Belastung ändert.

Es soll nun zur Berechnung des geometrischen Ortes, auf dem der Primärstrom bei veränderlicher Belastung läuft, übergegangen werden. Hierbei sei die diesbezügliche Arbeit „Die Theorie der kompensierten

Asynchronmaschine" von H. Kaden, veröffentlicht im Arch. f. Elektr.
XIV. Bd. 1925, benutzt.

Im folgenden bedeuten:

E_N = Netzspannung pro Phase
E_1 = EMK der Primärwicklung (erzeugt vom gemeinsamen Felde)
E_2 = Resultierende Sekundärspannung
I_1 = Primärstrom pro Phase
I_2 = Sekundärstrom pro Phase
I_m = Magnetisierungsstrom
L_1 = Primäre Selbstinduktivität
M = Gegenseitige Induktivität
L_2 = Sekundäre Selbstinduktivität
S_1 = Primäre Streuinduktivität pro Phase
S_2 = Sekundäre Streuinduktivität pro Phase
r_1 = Primärer Ohmscher Widerstand pro Phase
r_2 = Sekundärer Ohmscher Widerstand pro Phase
f = Netzfrequenz
ω = Kreisfrequenz
s = Schlüpfung
u = Verhältnis der wirksamen Windungszahlen der Kollektorwicklung zur Statorwicklung
α = Bürstenverdrehwinkel gegenüber der Statorwicklung im Rotordrehsinn

Die Verwendung von gotischen Buchstaben für Strom- und Spannungswerte weist auf Vektordarstellung hin, die oben angeführten Buchstaben bedeuten nur die Beträge der Vektoren.

Die resultierende Sekundärspannung E_2 besteht aus den Spannungskomponenten, herrührend von der Stator- und der Kollektorwicklung. Multipliziert man die Primär-EMK E_1 mit der Schlüpfung s, dann gewinnt man die EMK, welche in der Statorwicklung induziert wird. Führt man die Multiplikation statt mit s mit der Verhältniszahl u durch, dann ergibt sich die

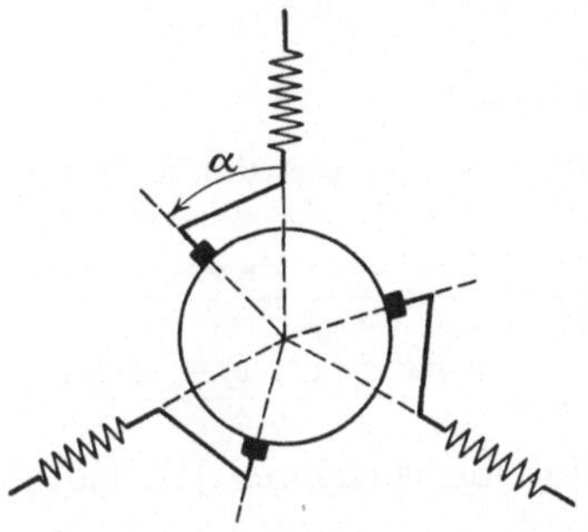

Abb. 20. Bürstenwinkel α beim Osnosmotor.

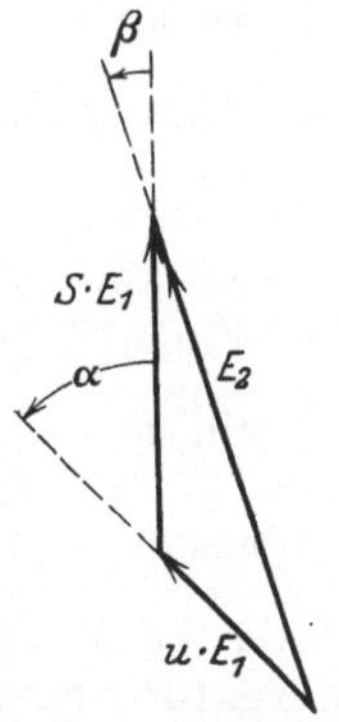

Abb. 21. Spannungsdreieck beim Osnosmotor.

von der Kollektorwicklung bedingte Spannungskomponente. Betrachtet man die Abb. 20, dann erkennt man, daß diese Spannungskomponente gegenüber der erstgenannten um den Winkel α voreilt. Dementsprechend ergibt sich das Spannungsdreieck der Abb. 21. Dieses Bild zeigt, daß die resultierende Sekundärspannung E_2 um den Winkel β der EMK der Statorwicklung voreilt. Das Stromdreieck ist in der Abb. 22 zur Darstellung gebracht. Der durch den Kollektor bedingte Strom $u \cdot I_2$ eilt dem Statorstrom I_2 um den Betrag des Bürstenverdrehwinkels α nach. Der aus Stator- und Kollektorwicklung resultierende Strom ist durch die Größe $k \cdot I_2$ bezeichnet, wobei der Faktor k seiner Bedeutung nach im folgenden analytisch ausgedrückt wird. Bemerkt sei noch, daß der Strom $k \cdot I_2$ um den Winkel γ dem Stator-strome I_2 nacheilt.

Aus dem Spannungsdreieck der Abb. 21 läßt sich die Spannung E_2 mit Hilfe des Kosinussatzes berechnen, man erhält

$$E_2 = E \cdot \sqrt{s^2 + u^2 + 2 \cdot s \cdot u \cdot \cos \alpha}, \tag{1}$$

ferner lassen sich die nachstehenden Ausdrücke für den sin und cos des Winkels β aufstellen

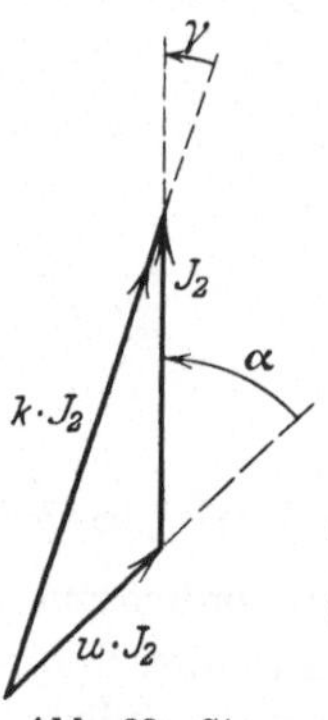
Abb. 22. Strom-dreieck beim Osnos-motor.

$$\sin \beta = \frac{u \cdot \sin \alpha}{\sqrt{s^2 + u^2 + 2 \cdot s \cdot u \cdot \cos \alpha}} = \frac{u \cdot \sin \alpha}{k_s},$$

$$\cos \beta = \frac{s + u \cdot \cos \alpha}{\sqrt{s^2 + u^2 + 2 \cdot s \cdot u \cdot \cos \alpha}} = \frac{s + u \cdot \cos \alpha}{k_s}.$$

Hierbei wurde gesetzt

$$\sqrt{s^2 + u^2 + 2 \cdot s \cdot u \cdot \cos \alpha} = k_s.$$

Der sin und cos des im Stromdreieck der Abb. 22 auf-tretenden Winkels γ wird durch die Ausdrücke wieder-gegeben

$$\sin \gamma = \frac{u \cdot \sin \alpha}{\sqrt{1 + u^2 + 2 \cdot u \cdot \cos \alpha}} = \frac{u \cdot \sin \alpha}{k},$$

$$\cos \gamma = \frac{1 + u \cdot \cos \alpha}{\sqrt{1 + u^2 + 2 \cdot u \cdot \cos \alpha}} = \frac{1 + u \cdot \cos \alpha}{k}.$$

Die Größe k hat also den Wert

$$k = \sqrt{1 + u^2 + 2 \cdot u \cdot \cos \alpha}.$$

Die Aufstellung der Ausdrücke für den sin und cos der Differenz der Winkel β und γ ergibt die Beziehungen

$$\sin (\beta - \gamma) = \sin \beta \cdot \cos \gamma - \cos \beta \cdot \sin \gamma = \frac{u \cdot (1 - s) \cdot \sin \alpha}{k_s \cdot k},$$

$$\cos (\beta - \gamma) = \cos \beta \cdot \cos \gamma + \sin \beta \cdot \sin \gamma = \frac{u \cdot \cos \alpha \cdot (1 + s) + u^2 + s}{k_s \cdot k}.$$

Unter Verwendung dieser Ausdrücke lautet die Gleichung (1), jedoch in vektorieller Schreibweise,

$$\mathfrak{E}_2 = \mathfrak{E}_1 \cdot k_s \left[\cos (\beta - \gamma) - j \cdot \sin (\beta - \gamma)\right]. \tag{1a}$$

Zwecks Einführung der Ströme in diese Gleichung sei die EMK $\mathfrak{E}_1$ dargestellt durch die Gleichung

$$\mathfrak{E}_1 = j \cdot \omega \cdot M \cdot \mathfrak{J}_m.$$

Der Magnetisierungsstrom $\mathfrak{J}_m$ drückt sich bekannterweise durch die Gleichung aus

$$\mathfrak{J}_m = \mathfrak{J}_1 + k \cdot \mathfrak{J}_2.$$

Die Gleichung (1a) kann somit folgendermaßen geschrieben werden

$$\mathfrak{E}_2 = j \cdot \omega \cdot M \cdot (\mathfrak{J}_1 + k \cdot \mathfrak{J}_2) \cdot k_s \left[\cos (\beta - \gamma) - j \cdot \sin (\beta - \gamma)\right]. \tag{1b}$$

Die EMK $\mathfrak{E}_2$ läßt sich aber auch mittels der sekundären Impedanz darstellen

$$\mathfrak{E}_2 = \mathfrak{J}_2 (r_2 - j \cdot \omega \cdot s \cdot S_2).$$

Kombiniert man diese Gleichung mit der Gleichung (1b), dann erhält man

$$j \cdot \omega \cdot M \, (\mathfrak{J}_1 + k \cdot \mathfrak{J}_2) \cdot k_s \, [\cos (\beta - \gamma) - j \cdot \sin (\beta - \gamma)] - \mathfrak{J}_2 \cdot r_2$$
$$+ j \cdot \omega \cdot s \cdot S_2 \, \mathfrak{J}_2 = 0 \, .$$

Ersetzt man hierin den sin und den cos der Winkeldifferenz $(\beta - \gamma)$ durch die im obigen für diese Werte aufgestellten Ausdrücke, dann gewinnt man die Gleichung

$$j \cdot \omega \cdot M \, (\mathfrak{J}_1 + k \cdot \mathfrak{J}_2) \cdot \frac{1}{k} \, [u \cdot \cos \alpha \, (1 + s) + u^2 + s - j \cdot u \, (1 - s) \cdot \sin \alpha]$$
$$- \mathfrak{J}_2 \cdot r_2 + j \cdot \omega \cdot s \cdot S_2 \cdot \mathfrak{J}_2 = 0$$

oder etwas umgeformt

$$\frac{\omega \cdot M}{k} \cdot \mathfrak{J}_1 \, [j \cdot (u \cdot \cos \alpha \, (1 + s) + u^2 + s) + u \cdot (1 - s) \cdot \sin \alpha]$$
$$+ \mathfrak{J}_2 \, \{ j \cdot \omega \cdot s \cdot L_2 + j \cdot \omega \cdot M \cdot [u \, (1 + s) \cdot \cos \alpha + u^2]$$
$$+ \omega \cdot M \cdot k \, (1 - s) \cdot \sin \alpha - r_2 \} = 0 \, . \tag{2}$$

Aus dieser Gleichung muß der sekundäre Strom $\mathfrak{J}_2$ eliminiert werden. Zu diesem Zwecke sei zunächst die primäre Spannungsgleichung aufgestellt, sie lautet

$$\mathfrak{E}_N + j \cdot \omega \cdot S_1 \cdot \mathfrak{J}_1 - r_1 \cdot \mathfrak{J}_1 + \mathfrak{E}_1 = 0 \, .$$

Wird hierin die EMK $\mathfrak{E}_1$ durch die im obigen bereits angeschriebene Beziehung

$$\mathfrak{E}_1 = j \cdot \omega \cdot M \cdot (\mathfrak{J}_1 + k \cdot \mathfrak{J}_2)$$

ersetzt, dann erhält man

$$\mathfrak{E}_N = \mathfrak{J}_1 \, (r_1 - j \cdot \omega \cdot S_1) - j \cdot \omega \cdot M \cdot (\mathfrak{J}_1 + k \cdot \mathfrak{J}_2)$$

oder

$$\mathfrak{E}_N = \mathfrak{J}_1 \, (r_1 - j \cdot \omega \cdot L_1) - j \cdot \omega \cdot M \cdot k \cdot \mathfrak{J}_2 \, .$$

Der sekundäre Strom $\mathfrak{J}_2$ drückt sich nun aus durch

$$\mathfrak{J}_2 = j \cdot \frac{\mathfrak{J}_1 \cdot r_1}{\omega \cdot M \cdot k} - \mathfrak{J}_1 \cdot \frac{\sigma_1}{k} - j \cdot \frac{\mathfrak{E}_N}{\omega \cdot M \cdot k} \, .$$

Der Quotient $\frac{L_1}{M}$ wurde durch σ_1 ersetzt. Analog ist $\frac{L_2}{M} = \sigma_2$. Die Gleichung (2) erhält jetzt bei Elimination von $\mathfrak{J}_2$ den Aufbau

$$\mathfrak{J}_1 \, [r_1 \, (\sigma_2 \cdot s + u \cdot \cos \alpha \cdot (1 + s) + u^2) + \sigma_1 \cdot r_2]$$
$$+ j \cdot \mathfrak{J}_1 \left[\omega \cdot L_1 \cdot s \left(\frac{1}{\sigma_1} - \sigma_2 \right) + r_1 \left(u \cdot \sin \alpha \, (s - 1) + \frac{r_2 \cdot \sigma_1}{\omega \cdot L_1} \right) \right]$$
$$= \mathfrak{E}_N \, (\sigma_2 \cdot s + u \cdot \cos \alpha + s \cdot u \cdot \cos \alpha + u^2)$$
$$+ j \cdot \mathfrak{E}_N \cdot \left(\frac{\sigma_1 \cdot \sigma_2}{\omega \cdot L_1} + s \cdot u \cdot \sin \alpha - u \cdot \sin \alpha \right), \tag{2a}$$

wobei aber zu beachten ist, daß der bei der Umrechnung auftretende Faktor

$$u \cdot \left(\frac{1}{\sigma_1} - 1 \right)$$

gleich Null gesetzt wurde. Diese Bedingung bedeutet nichts anderes, als daß die Verkettung von Primär- und Kollektorwicklung streuungslos ist. Dies ist aber ohne weiteres als zutreffend zu erkennen, da die genannten beiden Wicklungen in ein und denselben Nuten liegen.

Indem man die Gleichung (2a) skalar mit $\mathfrak{J}_1$ und hierauf skalar mit $j \cdot \mathfrak{J}_1$ multipliziert, treten nur noch reelle Werte auf. Führt man noch den totalen Streukoeffizienten σ ein, welcher sich darstellt durch

$$\sigma = 1 - \frac{1}{\sigma_1 \cdot \sigma_2},$$

und benennt die Wattkomponente bzw. die wattlose Komponente des Primärstromes $\mathfrak{J}_1$ mit y bzw. mit x, dann gewinnt man das Gleichungssystem

$$I_1{}^2 \left[r_1 \cdot \sigma_1 \cdot s + r_1 \cdot u \cdot \cos \alpha \cdot s + r_1 \left(u \cdot \cos \alpha + u^2 \right) + \sigma_1 \cdot r_2 \right]$$
$$= E_N \cdot y \left[s \left(\sigma_2 + u \cdot \cos \alpha \right) + u^2 + u \cdot \cos \alpha \right]$$
$$+ E_N \cdot x \left[s \cdot u \cdot \sin \alpha + \frac{\sigma_1 \cdot r_2}{\omega \cdot L_1} - u \cdot \sin \alpha \right],$$

$$I_1{}^2 \left[- \omega \cdot L_1 \cdot \sigma \cdot s \cdot \sigma_2 + r_1 \cdot u \cdot \sin \alpha \cdot s + r_1 \left(- u \cdot \sin \alpha + \frac{r_2 \cdot \sigma_1}{\omega \cdot L_1} \right) \right]$$
$$= - E_N \cdot x \left[s \left(\sigma_2 + u \cdot \cos \alpha \right) + u^2 + u \cdot \cos \alpha \right]$$
$$+ E_N \cdot y \left[s \cdot u \cdot \sin \alpha + \frac{\sigma_1 \cdot r_2}{\omega \cdot L_1} - u \cdot \sin \alpha \right].$$

Führt man noch die folgenden Konstanten ein

$$A = 1 + \frac{u \cdot \cos \alpha}{\sigma_2}, \qquad\qquad B = 1 - \frac{\omega \cdot L_1}{\sigma_1 \cdot r_2} \cdot u \cdot \sin \alpha,$$

$$C = \frac{\omega \cdot L_1}{\sigma_1 \cdot r_2} \left(u^2 + u \cdot \cos \alpha \right), \qquad D = \frac{u \cdot \sin \alpha}{\sigma_2},$$

und eliminiert aus den obigen beiden Gleichungen die Schlüpfung s, dann ergibt sich die Gleichung

$$\frac{C \cdot E_N \cdot y + B \cdot E_N \cdot x - C \cdot I_1{}^2 \cdot r_1 - I_1{}^2 \cdot \omega \cdot L_1}{A \cdot \mathfrak{J}_1^2 \cdot r_1 - A \cdot E_N \cdot y - D \cdot E_N \cdot x}$$
$$= \frac{B \cdot E_N \cdot y - C \cdot E_N \cdot x - B \cdot I_1{}^2 \cdot r_1}{A \cdot E_N \cdot x - \mathfrak{J}_1^2 \left(\omega \cdot L_1 \cdot \sigma - D \cdot r_1 \right) - D \cdot E_N \cdot y}.$$

Durch Umformung und Division mit $\mathfrak{J}_1^2$ erhält man die folgende Gleichung

$$x^2 - \frac{A + \sigma \cdot B}{\dfrac{r_1^2}{(\omega \cdot L_1)^2} (A \cdot B - C \cdot D) + \dfrac{r_1}{\omega \cdot L_1} (\sigma \cdot C - D) + \sigma} \cdot \frac{E_N}{\omega \cdot L_1} \cdot x +$$

$$y^2 - \frac{\dfrac{2 \cdot r_1}{\omega \cdot L_1} (A \cdot B - C \cdot D) + \sigma \cdot C - D}{\dfrac{r_1^2}{(\omega \cdot L_1)^2} (A \cdot B - C \cdot D) + \dfrac{r_1}{\omega \cdot L_1} (\sigma \cdot C - D) + \sigma} \cdot \frac{E_N}{\omega \cdot L_1} \cdot y$$

$$= \frac{- A \cdot B + C \cdot D}{\dfrac{r_1^2}{(\omega \cdot L_1)^2} (A \cdot B - C \cdot D) + \dfrac{r_1}{\omega \cdot L_1} (\sigma \cdot C - D) + \sigma} \cdot \frac{E_N^2}{(\omega \cdot L_1)^2}. \qquad (3)$$

Zu beachten ist, daß der Wert des Winkels α als konstant angenommen wurde.

Die Gleichung (3) werde jetzt auf die Form gebracht

$$x^2 - 2 \cdot x_m \cdot x + y^2 - 2 \cdot y_m \cdot y = R^2 - x_m^2 - y_m^2 \,.$$

Hierin erscheinen als neu eingeführt die Konstanten x_m, y_m und R. Durch Umformung geht diese Gleichung über in

$$(x - x_m)^2 + (y - y_m)^2 = R^2 \,.$$

Diese Gleichung erkennt man als einen Kreis mit den Mittelpunktskoordinaten

$$x_m = \frac{A + B \cdot \sigma}{\dfrac{r_1^2}{(\omega \cdot L_1)^2}\,(A \cdot B - C \cdot D) + \dfrac{r_1}{\omega \cdot L_1}\,(\sigma \cdot C - D) + \sigma} \cdot \frac{E_N}{2 \cdot \omega \cdot L_1}$$

$$y_m = \frac{\dfrac{2 \cdot r_1}{\omega \cdot L_1}\,(A \cdot B - C \cdot D) + C \cdot \sigma - D}{\dfrac{r_1^2}{(\omega \cdot L_1)^2}\,(A \cdot B - C \cdot D) + \dfrac{r_1}{\omega \cdot L_1}\,(\sigma \cdot C - D) + \sigma} \cdot \frac{E_N}{2 \cdot \omega \cdot L_1}$$

und dem Radius

$$R^2 = x_m^2 + y_m^2 + \frac{C \cdot D - A \cdot B}{\dfrac{r_1^2}{(\omega \cdot L_1)^2}\,(A \cdot B - C \cdot D) + \dfrac{r_1}{\omega \cdot L_1}\,(\sigma \cdot C - D) + \sigma} \cdot \frac{E_N^2}{(\omega \cdot L_1)^2}$$

oder

$$R = \frac{\sqrt{(A - B \cdot \sigma)^2 + (D + C \cdot \sigma)^2}}{\dfrac{r_1^2}{(\omega \cdot L_1)^2}\,(A \cdot B - C \cdot D) + \dfrac{r_1}{\omega \cdot L_1}\,(\sigma \cdot C - D) + \sigma} \cdot \frac{E_N}{2 \cdot \omega \cdot L_1} \,.$$

Der gesuchte geometrische Ort für den Primärstrom $\mathfrak{J}_1$ ist somit ein Kreis. Für jeden Wert des Bürstenwinkels α besteht ein besonderer Kreis, weil α eine Funktion der Größen x_m, y_m und R ist.

Setzt man beispielsweise die Verhältniszahl $u = 0$, dann wird

$$A = 1, \quad B = 1, \quad C = 0, \quad D = 0$$

und man erhält den Diagrammkreis für den gewöhnlichen Asynchronmotor mit den Mittelpunktskoordinaten

$$x_{m0} = \frac{1 + \sigma}{\dfrac{r_1^2}{(\omega \cdot L_1^2)^2} + \sigma} \cdot \frac{E_N}{2 \cdot \omega \cdot L_1}\,, \qquad y_{m0} = \frac{\dfrac{2 \cdot r_1}{\omega \cdot L_1}}{\dfrac{r_1^2}{(\omega \cdot L_1)^2} + \sigma} \cdot \frac{E_N}{2 \cdot \omega \cdot L_1}$$

und dem Radius

$$R_0 = \frac{1 - \sigma}{\dfrac{r_1^2}{(\omega \cdot L_1)^2} + \sigma} \cdot \frac{E_N}{2 \cdot \omega \cdot L_1} \,.$$

Nimmt man an, daß der Ohmsche Widerstand r_1 der Primärwicklung Null ist, dann lauten die Bestimmungsgrößen für den Diagrammkreis des Osnosmotors

$$x_m = \frac{A + B \cdot \sigma}{\sigma} \cdot \frac{E_N}{2 \cdot \omega \cdot L_1}, \qquad y_m = \frac{-D + C \cdot \sigma}{\sigma} \cdot \frac{E_N}{2 \cdot \omega \cdot L_1},$$

$$R = \frac{\sqrt{(A + B \cdot \sigma)^2 + (D + C \cdot \sigma)^2}}{\sigma} \cdot \frac{E_N}{2 \cdot \omega \cdot L_1}.$$

Bekannterweise ist der Diagrammkreis des gewöhnlichen Asynchronmotors unabhängig vom Ohmschen Widerstand r_2 der Sekundärwicklung, dies ist nun nicht mehr der Fall beim Osnosmotor, da die Konstanten B und C die Größe r_2 enthalten.

Die Abb. 23 zeigt die Aufzeichnung des Kreisdiagrammes des Osnosmotors für einen bestimmten Wert des Bürstenwinkels α. Der primäre Strom $\mathfrak{J}_1$ bildet mit dem resultierenden Sekundärstrom $k \cdot \mathfrak{J}_2$ den Magnetisierungsstrom $\mathfrak{J}_m$. Der eigentliche Sekundärstrom $\mathfrak{J}_2$, der die Statorwicklung durchfließt, geht durch Division mit der Proportionalitätskonstanten k aus dem resultierenden Sekundärstrom hervor.

Studiert man noch die primären Kupferverluste, die auf den Sekundärteil übertragene Leistung, den Gesamtkupferverlust, die nutzbar abgegebene Leistung, das Drehmoment und die Schlüpfung, was allerdings, um den Umfang dieses Buches nicht zu groß zu gestalten, nicht aufgeführt werden soll, dann ergeben sich die folgenden interessanten Vergleichsresultate zwischen dem gewöhnlichen Asynchronmotor und dem Osnosmotor.

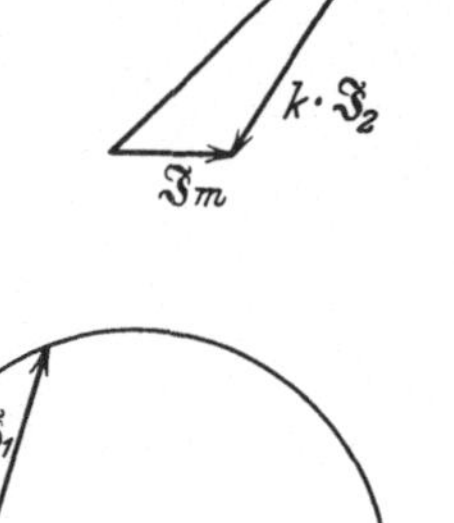

Abb. 23. Stromkreis beim Osnosmotor.

a) Motorbetrieb.

Bürstenstellung zwischen 0 und 90°.

Das Kippmoment, der Wirkungsgrad und der Leistungsfaktor stellen sich beim Osnosmotor bedeutend besser als beim gewöhnlichen Asynchronmotor. Das Maß der Verbesserung wird durch die Bürstenstellung beeinflußt.

Wird die Drehrichtung des Osnosmotors umgekehrt, dann sind nicht nur zwei Primäranschlüsse zu vertauschen, sondern es sind auch die Bürsten in der neuen Drehrichtung um den Betrag 2α zu verschieben, ansonst Kippmoment, Wirkungsgrad und Leistungsfaktor schlechter werden.

b) Generatorbetrieb.

Bürstenstellung zwischen 90 und 180°.

Das Kippmoment und der Leistungsfaktor können je nach der Bürstenstellung beim Osnosgenerator bedeutend besser sein als beim gewöhnlichen Asynchrongenerator.

Bezüglich der Änderung der Drehrichtung ist dasselbe wie beim Motorbetrieb zu beachten.

Auch ist der Osnosgenerator imstande, die an einem Netze hängende Belastung selbst zu übernehmen, wenn auch die Spannung, herrührend von einem Synchrongenerator, ausbleibt.

Es ist auch möglich, den Osnosgenerator als reine Blindleistungsmaschine zu betreiben. Die Kollektorwicklung ist dann ausreichend zu bemessen, weil eine Überkompensierung notwendig wird.

7. Der Heylandmotor.

Zur Kompensation der Asynchronmaschine dient im allgemeinen der Frequenzwandler, welcher entweder mechanisch und elektrisch oder nur elektrisch mit der Hauptmaschine verbunden ist. Es ist aber auch möglich, den Frequenzwandler statt separat auszuführen mit der Asynchronmaschine zu verschmelzen.

Bereits im Jahre 1902 hat Heyland eine Schaltung bekannt gegeben, bei der kein separater Frequenzwandler zur Kompensation des Asynchronmotors erforderlich ist. Die Abb. 11 veranschaulicht das Schema des Heylandmotors. Der Stator ist mit einer normalen Drehstromwicklung versehen (*1*). Der Rotor ist als Kommutatoranker gebaut und trägt somit die Erregerwicklung (*4*). Auf dem Rotor befindet sich aber noch eine Kurzschlußwicklung (*2*), die den Anlauf gewährleistet und die Kommutation funkenfrei hält. Im Stator liegt noch eine Hilfswicklung (*3*), welche zur Speisung der Erregerwicklung dient.

Die Kompensationsverhältnisse des Heylandmotors werden mit Hilfe eines Vektordiagrammes am besten überblickt. Die Aufstellung des die Strom- und Spannungsverhältnisse zeigenden Diagrammes für den Heylandmotor ist ein wenig mühsam, es lohnt sich aber die folgenden Entwicklungen zu verfolgen, weil eine vortreffliche Einsicht in das Verhalten der Maschine gewonnen wird. Inhaltlich schließt sich dieses Kapitel der Arbeit „Zur Theorie des kompensierten Asynchronmotors" von Heß an, welche im Archiv für Elektrotechnik, Bd. XX, Heft 1, 1928, erschienen ist.

Die in den kommenden Rechnungen verwendeten Bezeichnungen haben die folgende Bedeutung:

$\mathfrak{J}_1\,\mathfrak{J}_2\,\mathfrak{J}_3$ Wicklungsströme
s Schlüpfung
k_{mn} Wechselreaktanz zwischen den Wicklungen m und n
$K_n = k_{nn}\,(1 + \sigma_n)$ Totale Selbstreaktanz einer Phase der Wicklung n
$K_{mn} = k_{mn}\,(1 + \sigma_{mn})$ Totale Wechselreaktanz einer Phase zwischen den Wicklungen m und n
σ_n Streukoeffizient der Wicklung n, σ_{mn} Wechselstreukoeffizient der Wicklungen m und n
ϑ Winkel zwischen den Wicklungsachsen (negativ bei einer Bürstenverdrehung im Sinne der Rotordrehung)
r_n Ohmscher Widerstand im Stromkreis der Wicklung n

Der Weg zur Herleitung des Vektordiagrammes kennzeichnet sich durch die Aufstellung der Spannungsgleichungen, aus denen die Gleichung des Netzstromes erhalten wird, mittels der man nach zulässigen Vereinfachungen den geometrischen Ort für die Spitze des Netzstromvektors findet.

Die Anwendung des zweiten Kirchhoffschen Gesetzes auf die Wicklung (*1*) liefert die Vektorgleichung

$$\mathfrak{E}_K + \mathfrak{E}_1 + \mathfrak{E}_{1\,r} + \mathfrak{E}_{1\,\sigma} + \mathfrak{E}_{21} + \mathfrak{E}_{41} + \mathfrak{E}_{31} + \mathfrak{E}_{31\,\sigma} = 0$$

Hierin bedeuten:

$\mathfrak{E}_k$ Klemmenspannung
$\mathfrak{E}_1$ EMK der Wicklung (*1*)
$\mathfrak{E}_{1\,r}$ Ohmsche EMK der Wicklung (*1*)
$\mathfrak{E}_{1\,\sigma}$ Streu-EMK der Wicklung (*1*)
$\mathfrak{E}_{21}$ EMK verursacht durch Wicklung (*2*)
$\mathfrak{E}_{41}$ EMK verursacht durch Wicklung (*4*)
$\mathfrak{E}_{31}$ EMK verursacht durch Wicklung (*3*)
$\mathfrak{E}_{31\,\sigma}$ Streu-EMK verursacht durch Wicklung (*3*).

Wird die Basis der natürlichen Logarithmen mit e benannt, und eine Nacheilung eines Vektors um 90° mit j gekennzeichnet, dann läßt sich die eben notierte Spannungsgleichung bei Verwendung der eingangs erwähnten Bezeichnungen in der Form schreiben

$$\mathfrak{E}_K = \mathfrak{I}_1\,(r_1 - j \cdot K_1) - j \cdot \mathfrak{I}_2 \cdot k_{21} - j \cdot \mathfrak{I}_3\,(K_{31} - k_{41} \cdot e^{-j \cdot \vartheta}) . \tag{1}$$

In analoger Weise kann man die Spannungsgleichung der sekundären Arbeitswicklung (*2*) aufstellen, wobei man die Gleichung erhält

$$0 = \mathfrak{I}_2\,(r_2 - j \cdot s \cdot K_2) - j \cdot s \cdot \mathfrak{I}_1 \cdot k_{12} - j \cdot s \cdot \mathfrak{I}_3\,(k_{23} - K_{42} \cdot e^{-j \cdot \vartheta} . \tag{2}$$

Der Wechselstreukoeffizient σ_{42}, welcher in der Größe K_{42} enthalten ist, kann bei einem Kommutatoranker in zwei Teile zerlegt werden. Ein Teil σ'_{42} umfaßt die Streulinien, die nur mit den einzelnen Leitern verkettet sind, der andere Teil σ''_{42} bezeichnet die Streulinien die nach Art eines Drehfeldes den Anker mit Schlupffrequenz schneiden. Während die σ'_{42} entsprechende Streuspannung der Netzperiodenzahl proportional ist, gilt dies bei der σ''_{42} zukommenden Streuspannung in bezug auf die Schlupffrequenz. Führt man diese Teilung des Wechselstreukoeffizienten in der Gleichung (2) ein, dann geht dieselbe über in

$$\begin{aligned}
0 = \; & \mathfrak{I}_2\,(r_2 - j \cdot s \cdot K_2) - j \cdot s \cdot \mathfrak{I}_1 \cdot k_{12} \\
& - j \cdot s\, \mathfrak{I}_3\Big[k_{23} - k_{42}\Big(1 + \frac{\sigma'_{42}}{s} + \sigma''_{42}\Big) \cdot e^{-j \cdot \vartheta}\Big] .
\end{aligned} \tag{2'}$$

Es sind nun noch die Spannungsgleichungen für die Wicklungen (*3*) und (*4*) aufzustellen. Die Wicklung (*4*) ist in Dreieck geschaltet, man kann jedoch eine gleichwertige Sternschaltung denken, worauf die Wicklung (*4*) in Serieschaltung mit der Wicklung (*3*) erscheint. Hierdurch entsteht ein geschlossener Stromkreis, der mittels einer Spannungsgleichung dargestellt werden kann. Diese Gleichung hat den Aufbau

$$\begin{aligned}
0 = \; & - \mathfrak{I}_3\,(r'_3 + r_B) + j \cdot \mathfrak{I}_3 \cdot k_{33}\,(1 + \sigma_3) + j \cdot \mathfrak{I}_1 \cdot k_{13}\,(1 + \sigma_{13}) \\
& + j \cdot \mathfrak{I}_2 \cdot k_{23} - j \cdot \mathfrak{I}_3 \cdot k_{43} \cdot e^{-j \cdot \vartheta} \\
& - \frac{1}{\sqrt{3}}\Big[\mathfrak{I}_3 \cdot \frac{r_4}{\sqrt{3}} - j \cdot s \cdot J_3 \cdot k'_{44}\Big(1 + \frac{\sigma'_4}{s} + \sigma''_4\Big) + j \cdot s \cdot \mathfrak{I}_1 \cdot k'_{14} \cdot e^{j \cdot \vartheta} \\
& \quad + j \cdot \mathfrak{I}_2 \cdot s \cdot k'_{24}\,(1 + \sigma_{24}) \cdot e^{j \cdot \mathfrak{d}} + j \cdot J_3 \cdot s \cdot k'_{34} \cdot e^{j \cdot \vartheta}\Big] .
\end{aligned}$$

Die in dieser Gleichung auftretenden Streukoeffizienten σ_4' und σ_4'' ergänzen sich zum Streukoeffizienten σ_4 der Wicklung (4), gerade wie dies der Fall war beim Wechselstreukoeffizienten σ_{42}. Der Ohmsche Widerstand der Bürsten ist mit r_B benannt. Durch Zusammenziehen der obigen Gleichung nimmt dieselbe die übersichtlichere Gestalt an

$$\mathfrak{J}_3\left[r_3 - j\left(K_3 - k_{43}\cdot e^{-j\cdot\vartheta}\right) - j\cdot s\cdot\left\{k_{44}\left(1 + \frac{\sigma_4'}{s} + \sigma_4''\right) - k_{34}\cdot{}^{-j\cdot\vartheta}\right\}\right)$$

$$= j\cdot\mathfrak{J}_1\left(K_{13} - s\cdot k_{14}\cdot e^{j\cdot\vartheta}\right) + j\cdot\mathfrak{J}_2\left(k_{23} - s\cdot K_{23}\cdot e^{j\cdot\vartheta}\right) \tag{3}$$

Es sei jetzt zur Aufstellung der Gleichung für den Netzstrom übergegangen. Vorerst soll noch bemerkt werden, daß die Windungszahl der Wicklung (3) im allgemeinen kleiner als 1% der Windungszahl der primären Arbeitswicklung (1) ist, und daß sich diese Wicklungen in denselben Nuten befinden. Demzufolge darf die folgende Beziehung zwischen den Streu- und Wechselstreukoeffizienten der Wicklungen (1) und (3) angeschrieben werden

$$\sigma_1 = \sigma_{13} = \sigma_{31} = \sigma_3 .$$

Der Netzstrom $\mathfrak{J}_1$ wird nun gewonnen, indem man die Ströme $\mathfrak{J}_2$ und $\mathfrak{J}_3$ aus den Gleichungen (1), (2′) und (3) eliminiert, und die Schlüpfung s und den Verschiebungswinkel ϑ als Parameter einführt. Auf diese Weise erhält man die Bestimmungsgleichung

$$\mathfrak{J}_1 = \mathfrak{E}_K \cdot \frac{A + s\cdot B + s^2\cdot C}{D + s\cdot E + s^2\cdot F} . \tag{4}$$

Hierin sind die Größen A, B, C, D, E und F komplexe Größen vom Aufbau

$$A = a_1 + j\cdot a_2 \quad \text{usw.}$$

Die Vektorspitze von $\mathfrak{J}_1$ wandert bei Änderung der Schlüpfung s auf einer Kurve 4. Ordnung, gen. bizirkulare Quartik. Im Kapitel 8 des Anhanges ist die Gerade und der Kreis mit komplexen Zahlen behandelt, Kurven höherer Ordnung sind jedoch nur erwähnt, nicht aber rechnerisch erfaßt. Dagegen ist an jener Stelle die Arbeit von O. Bloch genannt, die auch die Darstellung geometrischer Örter von höherer Ordnung in klassischer Weise durchführt.

Die Größen A, B, C, D, E und F drücken sich wie folgt aus

$$A = K_3 + k_{44}\cdot\sigma_4' - k_{43}\cdot e^{-j\cdot\vartheta}\left(1 + j\cdot\frac{k_{22}}{r_2}\cdot\sigma_{42}\right) + j\cdot r_3$$

$$B = \frac{K_2}{r_2}\cdot r_3 + k_{44}\left(1 + \sigma_4''\right) - k_{43}\cdot e^{-j\cdot\vartheta} - j\cdot\left[\frac{K_2}{r_2}\cdot K_3\cdot\sigma\right.$$

$$\left. - \frac{k_{22}}{r_2}\left(k_{44}\left\{\left(1 + \sigma_{24}\right)\sigma_{42}' - \left(1 + \sigma_2\right)\sigma_4' + k_{43}\cdot e^{-j\cdot\vartheta}\left(\sigma_2 - \sigma_{42}''\right)\right\}\right)\right]$$

$$C = j\frac{k_{22}}{r_2}\cdot k_{44}\left[\left(1 + \sigma_{24}\right)\left(\sigma_{42}'' - \sigma_2\right) + \left(1 + \sigma_2\right)\left(\sigma_{24} - \sigma_4''\right)\right]$$

$$D = K_1\cdot r_3 + r_1\cdot k_{44}\cdot\sigma_4' - r_1\cdot k_{43}\cdot e^{-j\cdot\vartheta}\left(1 + j\cdot\frac{k_{22}}{r_2}\cdot\sigma_{42}'\right)$$

$$+ j\left(r_1\cdot r_3 - K_1\cdot k_{44}\cdot\sigma_4'\right)$$

$$E = \frac{K_2}{r_2} \cdot r_1 \cdot r_3 + r_1 \cdot k_{44} (1 + \sigma_4'') - r_1 \cdot k_{43} \cdot e^{-j \cdot \vartheta} - j \left[K_1 \cdot \frac{K_2}{r_2} \cdot r_3 \cdot \sigma \right.$$

$$+ K_1 \cdot k_{44} (1 + \sigma_{24}) \sigma' + \frac{K_2}{r_2} \cdot r_1 \cdot K_3 \cdot \sigma + K_1 \cdot k_{44} (\sigma_4'' - \sigma_{24})$$

$$\left. - \frac{K_2}{r_2} \cdot r_1 \cdot k_{44} \cdot \sigma_4' \left(1 - j \cdot \frac{K_1}{r_1} \cdot \sigma \right) - \frac{K_{24}}{r_2} \cdot r_1 \cdot k_{24} \cdot \sigma_{42}' \left(1 - j \cdot \frac{K_1}{r_1} \cdot \sigma'' \right) \right]$$

$$F = j \cdot \frac{K_2}{r_2} \cdot r_1 \cdot k_{44} (\sigma_{24} - \sigma_4'') \left(1 - j \cdot \frac{K_1}{r_1} \cdot \sigma \right)$$

$$- \frac{K_{24}}{r_2} \cdot k_{24} \cdot r_1 (\sigma_2 - \sigma_{42}'') \left(1 - j \cdot \frac{K_1}{r_1} \cdot \sigma'' \right).$$

Die im obigen erstmals erscheinenden Streukoeffizienten σ, σ' und σ'' haben den Aufbau

$$\sigma = 1 - \frac{1}{(1 + \sigma_1)(1 + \sigma_2)},$$

$$\sigma' = \frac{\dfrac{K_2}{r_2} \cdot r_3 \cdot \sigma + K_4'' \cdot \sigma''}{\dfrac{K_2}{r_2} \cdot r_3 + K_4''}, \qquad \sigma'' = 1 - \frac{1}{(1 + \sigma_1)(1 + \sigma_4'')}.$$

Wie man erkennt, hat die Gleichung für den Netzstrom eine sehr komplizierte Zusammensetzung, und es ist, um den Überblick nicht zu verlieren, recht notwendig nach Vereinfachung zu streben. Wesentlich einfacher gestalten sich die Verhältnisse, wenn man die zwischen den Wicklungen (2) und (4) bestehende Streuung vernachlässigt, was wohl zulässig ist. Unter dieser Annahme darf geschrieben werden

$$\sigma_2 = \sigma_4 = \sigma_{24} = \sigma_{42}.$$

Die Stromgleichung (4) nimmt unter diesen Umständen die Form an

$$\mathfrak{J}_1 = \frac{\mathfrak{E}_K}{r_1} \cdot \frac{\text{Zähler}}{\text{Nenner}}. \tag{5}$$

$$\text{Zähler} = \frac{K_3 + k_{44} \cdot \sigma'}{k_{43}} - e^{-j \cdot \vartheta} \left(1 + j \cdot \frac{k_{22} \cdot \sigma'}{r_2} \right) + j \cdot \frac{r_3}{k_{43}}$$

$$+ s \left[\frac{K_{11}'}{k_{43}} - e^{j \cdot \vartheta} - j \cdot \left(\frac{K_2 \cdot K_3}{r_2 \cdot k_{43}} \cdot \sigma - \frac{k_{22} \cdot \sigma'}{r_2} \cdot e^{-j \cdot \vartheta} \right) \right],$$

$$\text{Nenner} = \frac{\dfrac{K_1}{r_1} \cdot r_3 + K_3 + k_{44} \cdot \sigma'}{k_{43}} - e^{-j \cdot \vartheta} \left(1 + j \cdot \frac{k_{22} \cdot \sigma'}{r_2} \right) + j \left(\frac{r_3}{k_{43}} - \frac{K_1 \cdot k_{44} \cdot \sigma'}{r_1 \cdot k_{43}} \right)$$

$$+ s \left[\frac{K_{11}'}{k_{43}} - e^{-j \cdot \vartheta} - j \left(\frac{K_1 \cdot K_{11}'}{r_1 \cdot k_{43}} \cdot \sigma' + \frac{K_2 \cdot K_3}{r_2 \cdot k_{43}} \cdot \sigma - \frac{k_{22} \cdot \sigma'}{r_2} \cdot e^{-j \cdot \vartheta} \right) \right].$$

Die sowohl im Zähler als auch im Nenner der Gleichung (5) auftretende Größe K_{11}' hat den Aufbau

$$K_{11}' = \frac{K_2}{r_2} \cdot r_3 + k_{44} (1 + \sigma_4'').$$

Setzt man den Ohmschen Widerstand der primären Arbeitswicklung
gleich Null

$$r_1 = 0\,,$$

dann erfährt die Stromgleichung (*4*) eine weitere Vereinfachung, sie
lautet dann

$$\mathfrak{J}_1 = \frac{\mathfrak{E}_K}{K_1} \cdot \frac{\dfrac{K_3 + k_{44} \cdot \sigma'}{k_{43}} - e^{-j \cdot \vartheta} \left(1 + j \cdot \dfrac{k_{22} \cdot \sigma'}{r_2}\right) + j \cdot \dfrac{r_3}{k_{43}}}{\dfrac{r_3}{k_{43}} - j \cdot \dfrac{k_{44} \cdot \sigma'}{k_{43}} - j \cdot s \cdot \dfrac{K_{11}' \cdot \sigma'}{k_{43}}}$$

$$+ \frac{\mathfrak{E}_K}{K_1} \cdot \frac{s \left[\dfrac{K_{11}'}{k_{43}} - e^{j \cdot \vartheta} - j \cdot \left(\dfrac{K_2 \cdot K_3}{r_2 \cdot k_{43}} \cdot \sigma - \dfrac{k_{22} \cdot \sigma'}{r_2} \cdot e^{-j \cdot \vartheta}\right)\right]}{\dfrac{r_3}{k_{43}} - j \cdot \dfrac{k_{44} \cdot \sigma'}{k_{43}} - j \cdot s \cdot \dfrac{K_{11}' \cdot \sigma'}{k_{43}}}. \qquad (6)$$

Diese Gleichung stellt einen Kreis von allgemeiner Lage dar, auf dem
die Vektorspitze des Stromes $\mathfrak{J}_1$ bei Änderung der Schlüpfung s wandert. Nachrechnungen zeigen, daß der unter den angenommenen Vereinfachungen entstandene Kreis nur unwesentlich von der bizirkularen
Quartik abweicht, und somit das angenäherte Stromdiagramm genügend
Genauigkeit aufweist.

Zwecks Festlegung des Stromkreises nach Gleichung (6) sollen
jetzt die Mittelpunktskoordinaten p und q eines Kreises von allgemeiner
Lage angeschrieben werden

$$p = \frac{P}{2} \cdot \frac{a_1 \cdot d_1 + a_2 \cdot d_2 - b_1 \cdot c_1 - b_2 \cdot c_2}{c_1 \cdot d_2 - c_2 \cdot d_1}\,,$$

$$q = \frac{P}{2} \cdot \frac{a_1 \cdot d_2 - a_2 \cdot d_1 - b_1 \cdot c_2 + b_2 \cdot c_1}{c_1 \cdot d_2 - c_2 \cdot d_1}.$$

Ersetzt man die in diesen Ausdrücken vorkommenden Faktoren a, b, c
und d durch die entsprechenden der Gleichung (6), dann erhält man
die Mittelpunktskoordinaten x_p und y_q des zu zeichnenden Kreises,
dieselben lauten

$$x_p \cong \frac{\mathfrak{E}_K}{2 \cdot K_1} \left[\frac{1 + \sigma'}{\sigma'} + \sin \vartheta \cdot \frac{k_{43} \cdot \sigma}{r_3 \cdot \sigma'} - \cos \vartheta \cdot \frac{k_{43}}{K_{11}' \cdot \sigma'} \left(1 + \frac{K_{11}' \cdot k_{22} \cdot \sigma'}{r_2 \cdot r_3} \cdot \sigma'\right)\right],$$

$$y_q \cong \frac{\mathfrak{E}_K}{2 \cdot K_1} \left[- \frac{k_{44}}{r_3}(1 - \sigma') + \frac{K_3}{r_3} + \frac{K_2 \cdot K_3 \cdot \sigma}{K_{11}' \cdot r_3 \cdot \sigma'} + \sin \vartheta \left(1 - \frac{K_{11}' \cdot k_{22} \cdot \sigma'}{r_2 \cdot r_3} \cdot \sigma'\right)\right.$$

$$\left. - \cos \vartheta \cdot \frac{k_{43} \cdot \sigma}{r_3 \cdot \sigma'} \left(1 - \frac{k_{44}}{K_{11}'}\right)\right].$$

In diesen Ausdrücken für x_p und y_q kann durch das Verschieben der
Bürsten der Kommutatorwicklung der Winkel ϑ verändert werden,
d. h. die Mittelpunktskoordinaten des Stromkreises haben für alle
Werte des Verschiebungswinkels ϑ ihre besonderen Werte. Es ist nun
von Interesse den geometrischen Ort zu kennen, auf welchem die zu
allen möglichen Werten von ϑ gehörenden Mittelpunkte der Stromkreise liegen. Eine diesbezügliche Untersuchung führt zu einer Ellipse
als geometrischen Ort. Die Koordinaten des Mittelpunktes dieser
Ellipse drücken sich aus durch

$$X_p = \frac{\mathfrak{E}_K}{2 \cdot K_1} \cdot \frac{1 + \sigma'}{\sigma'},$$

$$Y_q \simeq \frac{\mathfrak{E}_K}{2\,K_1}\left[-\frac{k_{44}}{r_3}(1 - \sigma') + \frac{K_3}{r_3}\left(1 + \frac{K_2}{r_2}\cdot\frac{r_3}{K'_{11}}\right)\right].$$

Die Längen der Hauptachsen der Ellipse ergeben sich aus den Gleichungen

$$a \simeq \frac{\mathfrak{E}_K}{2 \cdot K_1} \cdot \frac{\dfrac{k_{43}\cdot\sigma}{r_3\cdot\sigma'}\left(1 + \dfrac{(k_{22}\cdot\sigma')^2}{r_2^2} - \dfrac{r_3^2}{K'_{11}\cdot\sigma')^2}\right)}{\sqrt{1 + \dfrac{(k_{22}\cdot\sigma')^2}{r_2^2} + \dfrac{r_3^2}{(K'_{11}\cdot\sigma')^2} - 2\cdot\dfrac{r_3}{K'^{2}_{11}\cdot\sigma'}}\;\sqrt{1 + \dfrac{(k_{22}\cdot\sigma')^2}{r_2^2}}},$$

$$b \simeq \frac{\mathfrak{E}_K}{2 \cdot K_1} \cdot \frac{\dfrac{k_{43}\cdot\sigma}{r_3\cdot\sigma'}\left(1 + \dfrac{(k_{22}\cdot\sigma')^2}{r_2^2} - \dfrac{r_3^2}{(K'_{11}\cdot\sigma')^2}\right)}{\sqrt{1 + \dfrac{(k_{22}\cdot\sigma')^2}{r_2^2} + \dfrac{r_3^2}{(K'_{11}\cdot\sigma')^2} + 2\cdot\dfrac{r_3}{K'^{2}_{11}\cdot\sigma'}}\;\sqrt{1 + \dfrac{(k_{22}\cdot\sigma')^2}{r_2^2}}}.$$

Zur eindeutigen Bestimmung der Ellipse ist es noch erforderlich, einen Winkel ψ anzugeben, welcher die Verdrehung der Hauptachsen gegenüber dem Koordinatensystem festlegt. Bezeichnet man als positiven Sinn der Verdrehung den Gegenuhrzeigersinn, dann lautet die Gleichung für ψ

$$\psi = \frac{2 - \dfrac{k_{44}\cdot\sigma'}{K'_{11}\cdot\sigma'} - \dfrac{k_{44}\cdot\sigma'}{r_3}\cdot\dfrac{k_{22}\cdot\sigma'}{r_2}}{2\cdot\dfrac{k_{22}\cdot\sigma'}{r_2} + \dfrac{k_{44}\cdot\sigma'}{r_3}}.$$

Die Abb. 24 zeigt die Aufzeichnung dieser Ellipse.

Der Kreis, auf dessen Peripherie die Spitze des Netzstromvektors bei Änderung des Schlupfes s marschiert, ist jetzt erst seinem Mittelpunkt nach bestimmt, und kann also noch nicht konstruiert werden, es sei denn, daß sein Radius festgelegt wäre. Statt den Radius zu ermitteln, ist es weit interessanter einen ausgezeichneten Peripheriepunkt zu bestimmen. Es soll daher der Synchronismuspunkt, d. h. der Punkt für $s = 0$ berechnet werden. Zu diesem Zweck setzt man in der Gleichung (6) die eben geschriebene Schlupfbedingung ein, und untersucht den so gewonnenen Ausdruck für alle möglichen Werte des Verschiebungswinkels ϑ. Man erkennt dann, daß der Synchronismuspunkt für variable Bürstenstellung einen Kreis beschreibt, dessen Mittelpunkt die Koordinaten besitzt

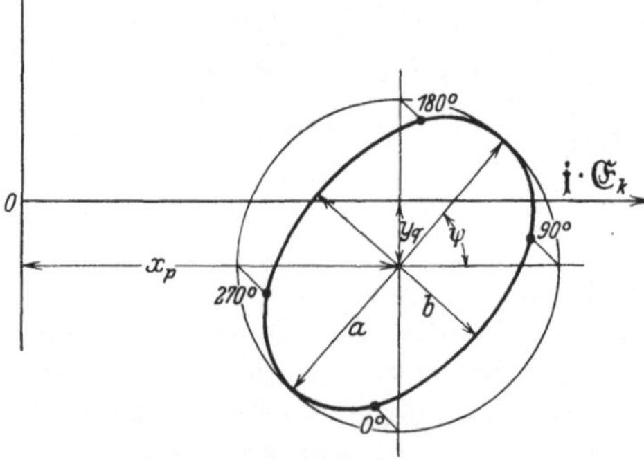

Abb. 24. Mittelpunktsellipse beim Heylandmotor.

$$X_{p0} = \frac{\mathfrak{E}_K}{K_1}\left[1 + \frac{\dfrac{K_3 \cdot k_{44} \cdot \sigma'}{r_3^2}}{1 + \dfrac{(k_{44} \cdot \sigma')^2}{r_3^2}}\right] \backsimeq \frac{\mathfrak{E}_K}{K_1},$$

$$Y_{q0} = \frac{\mathfrak{E}_K}{K_1} \cdot \frac{\dfrac{K_3}{r_3}}{1 + \dfrac{(k_{44} \cdot \sigma')^2}{r_3^2}} \backsimeq \frac{\mathfrak{E}_K}{K_1} \cdot \frac{K_3}{r_3}.$$

Den Radius dieses Kreises erhält man mit der Gleichung

$$R_0 = \frac{\mathfrak{E}_K \cdot k_{43}}{K_1 \cdot r_3} \cdot \sqrt{\frac{1 + \dfrac{(k_{22} \cdot \sigma')^2}{r_2^2}}{1 + \dfrac{(k_{44} \cdot \sigma')^2}{r_3^2}}} \backsimeq \frac{\mathfrak{E}_K \cdot k_{43}}{K_1 \cdot r_3}.$$

Damit liegt der Kreis für alle Punkte für $s = 0$ fest, es soll aber noch ein Winkel ψ_0, welcher von der positiven x-Achse und dem Kreisdurchmesser für $\vartheta = 90^0$ und $\vartheta = 270^0$ gebildet wird, angegeben werden. Erst hierdurch sind die Peripheriepunkte des Kreises den Bürstenstellungen zahlenmäßig zugeordnet. Der genannte Winkel ψ_0 ergibt sich aus der Beziehung

$$\operatorname{tg} \psi_0 = - \frac{\dfrac{k_{11}}{r_3} \cdot \sigma'_4}{1 - \dfrac{k_{22} \cdot k_{44} \cdot \sigma'^2}{r_2 \cdot r_3}} \backsimeq - \frac{k_{11}}{r_3} \cdot \sigma'_4.$$

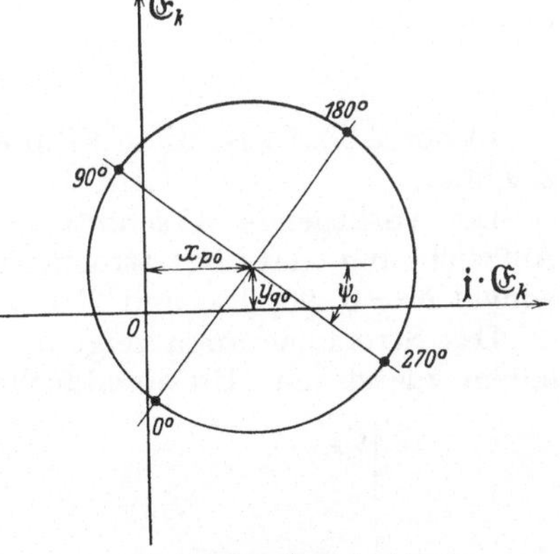

Abb. 25. Synchronismuskreis beim Heylandmotor.

In der Abb. 25 ist der Synchronismuskreis dargestellt.

Nachdem nun der Mittelpunkt des Netzstromkreises und sein Synchronismuspunkt ermittelt sind, ist es möglich den Netzstromkreis aufzuzeichnen. Hierbei ist allerdings zu beachten, daß der erwähnte Mittelpunkt und der Synchronismuspunkt für ein und denselben Wert des Verschiebungswinkels ϑ bestimmt werden müssen. Die Gradeinteilung beim Synchronismuskreis wurde durch den Winkel ψ_0 bereits festgelegt, es ist also die entsprechende Gradeinteilung auf der Mittelpunktsellipse auch noch anzubringen. Dies geschieht durch die Einzeichnung des die Ellipse umschließenden Kreises, welch letzterer zur Ellipse affin ist (siehe Abb. 24).

Als weiterer ausgezeichneter Punkt des Netzstromkreises soll der Punkt, welcher einer unendlich großen Schlüpfung entspricht, berechnet werden. Man geht wieder von der Gleichung (6) aus. Es wird in dieser Gleichung für s gleich unendlich gesetzt. Für den Bürstenverschiebungswinkel ϑ müssen alle möglichen Werte zwischen Null und 360^0 angenommen werden. Man gewinnt auf diese Weise als Ortskurve für den Netzstromvektor eine Ellipse, deren Mittelpunktskoordinaten sich ausdrücken durch

$$X_{p\infty} = \frac{\mathfrak{E}_K}{K_1} \cdot \frac{1}{\sigma'} ,$$

$$Y_{q\infty} = \frac{\mathfrak{E}_K}{K_1} \cdot \frac{K_2 \cdot K_3 \cdot \sigma}{r_2 \cdot K'_{11} \cdot \sigma'} .$$

Die Hauptachsen der Ellipse haben die Längen

$$a = \frac{\mathfrak{E}_K}{K_1} \cdot \frac{k_{43}}{K'_{11} \cdot \sigma'} \left(1 + \frac{k_{22} \cdot \sigma'}{r_2} \right) ,$$

$$b = \frac{\mathfrak{E}_K}{K_1} \cdot \frac{k_{43}}{K'_{11} \cdot \sigma'} \left(1 - \frac{k_{22} \cdot \sigma'}{r_2} \right) .$$

Um die Lage dieser Ellipse festzulegen wird noch der Winkel ψ_∞, welcher von der positiven x-Achse und der großen Achse der Ellipse gebildet wird, bestimmt. Man findet

$$\operatorname{tg} 2 \cdot \psi_\infty = \infty ;$$

hieraus ergibt sich

$$\psi_\infty = 45^0 .$$

In der Abb. 26 ist diese Ellipse für unendlich große Schlüpfung gezeichnet.

Der vorliegende Abschnitt über den Heylandmotor soll mit der Aufzeichnung des Netzstromkreises für die Bürstenverschiebungswinkel $\vartheta = 0$, 90, 180 und 270° abgeschlossen werden.

Das Stromdiagramm zeigt die Abb. 27. Die Aufzeichnung erfolgte, indem zuerst die Mittelpunktsellipse und dann der Synchronismus-

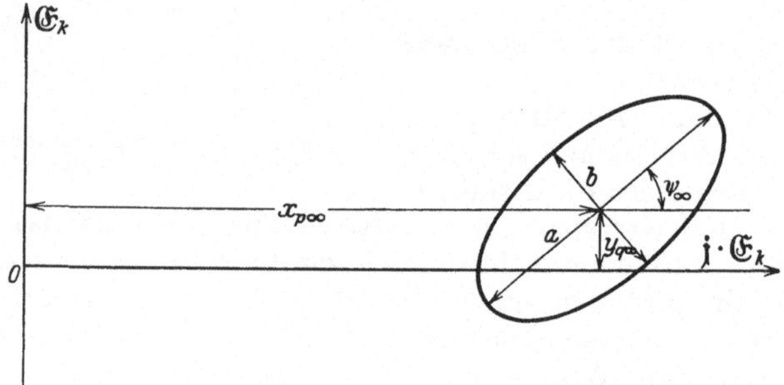

Abb. 26. Ellipse für unendliche Schlüpfung beim Heylandmotor.

kreis gezeichnet wurden. Hierauf konnten die Netzstromkreise ohne weiteres eingelegt werden. Für einen beliebigen Belastungspunkt P' auf dem Diagrammkreise für 180° Bürstenverschiebung sind die Ströme eingezeichnet. Dasselbe ist in bezug auf den Netzstromkreis für 270° Bürstenverschiebung vorgenommen worden. Man erkennt klar, daß trotz der Verkleinerung der Belastung vom Punkte P' auf P'' die Kompensation des Asynchronmotors verbessert wird, d. h. der Leistungsfaktor des Motors nimmt hierbei zu, und nicht wie beim gewöhnlichen

Asynchronmotor ab. Durch das Verschieben der Kommutatorbürsten kann also eine sehr einfache Regelung des Leistungsfaktors erreicht werden.

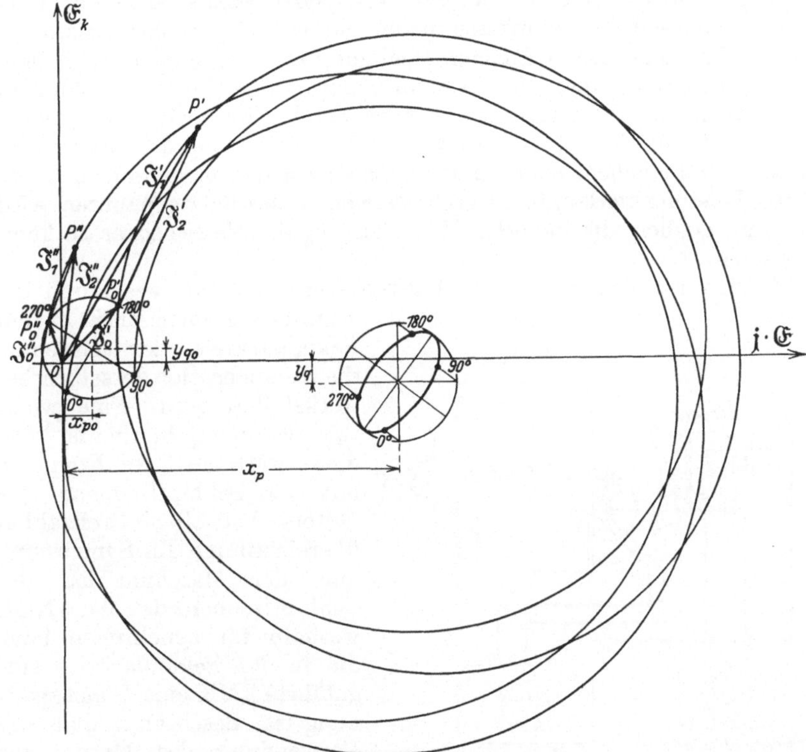

Abb. 27. Netzstromkreise für 0, 90, 180 und 270 Grad Bürstenverschiebung beim Heylandmotor.

Das Stromdiagramm hätte auch statt durch Einzeichnung des Synchronismuskreises mit Hilfe der im obigen angegebenen Ellipse für unendlich große Schlüpfung konstruiert werden können.

III. Der synchronisierte Drehstrom-Asynchronmotor.

8. Das Diagramm des synchronisierten Asynchronmotors.

Der Asynchronmotor ist ein einfacher, billiger und überaus solider Elektromotor. Trotz den genannten Vorzügen sind der Verwendung dieses Motors Grenzen gesetzt. Überall dort, wo die Drehzahl auf einfache Weise reguliert werden muß, empfiehlt sich die Anwendung dieser Motorart nicht. Aber auch wo man Wert auf einen guten Leistungsfaktor der Anlage legt, nimmt man den Asynchronmotor nur ungern auf. Seit einigen Jahren macht man nämlich alle Anstrengungen, die Netze von den nutzlosen Blindströmen zwecks besserer Ausnutzung des Leitungskupfers zu entlasten. In Netzen, welche viele Asynchronmotoren speisen, ist der Leistungsfaktor verhältnismäßig schlecht, besonders wenn die Motoren nur mit Teil- statt Vollast arbeiten. Dem stetig wachsenden Bedürfnisse nach Verbesserungen des Leistungsfaktors der elektrischen Anlagen Rechnung tragend, gingen die bauenden Firmen dazu über, die Asynchronmotoren im Leistungsfaktor zu verbessern. Ja man setzte das zu erreichende Ziel noch höher, indem man nicht nur danach strebte die induktive Wirkung der Asynchronmotoren aufzuheben, sondern indem man sogar von denselben kapazitive Leistung verlangte. Durch Erreichen des letztgenannten wird es dann möglich, die induktive Blindleistung des Netzes sogar zu kompensieren.

In den vorangehenden Abschnitten wurde gezeigt, wie durch die Einführung einer EMK in den Sekundärkreis der Maschine die Kompensation derselben bewerkstelligt wird. Eine wichtige Bedingung hierbei ist, daß diese EMK in ihrer Frequenz mit der Schlupffrequenz des Motors bei allen Drehzahlen übereinstimmt. Im Synchronismus der Maschine hat die Schlupffrequenz den Wert Null, weshalb für synchronen Lauf die in den Sekundärkreis eingeführte EMK eine Gleichspannung ist. Beschränkt man die Verwendung des Motors auf die synchrone Drehzahl, wobei man also den Sekundärkreis ausschließlich mit Gleichstrom speist, dann hat man eine spezielle Motorart, nämlich den Synchron-Induktionsmotor. Diese Bezeichnungsart rührt davon her, daß dieser Motor im Anlauf ein Asynchronmotor und im Lauf ein Synchronmotor ist.

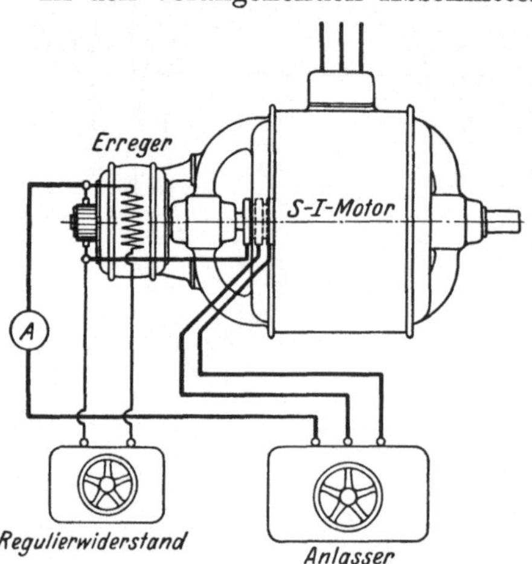

Abb. 28. Schaltschema des Synchron-Induktionsmotors.

Die praktische Durchbildung des Synchron-Induktionsmotors ist äußerst einfach. Es handelt sich in Wirklichkeit um einen Asynchronmotor, dessen Sekundärwicklung infolge der Speisung mit Gleichstrom etwas anders gebaut werden muß. Die Sekundärwicklung kann entweder auf dem Rotor oder auf dem Stator untergebracht werden. Im allgemeinen ist die Rotorwicklung die Gleichstrom führende Wicklung, und die Gleichstromquelle besteht in einem auf die Motorwelle gekeilten kleinen Gleichstromgenerator. Das Schaltschema des Synchron-Induktionsmotors zeigt die Abb. 28. Die Statorwicklung ist mit dem Netze verbunden. Die Rotorwicklung führt über den Anlasser, gerade wie beim gewöhnlichen Asynchronmotor. Der Gleichstromgenerator ist eine Nebenschlußmaschine und ist in eine Phase der Rotorwicklung geschaltet. Der Anlauf geschieht in der bekannten Weise, indem beim Höchstwert des Widerstandswertes des Anlassers der Statorschalter eingelegt wird. Die Maschine beginnt zu drehen und der Hebel des Anlassers wird von einer Widerstandsstufe auf die nächste geschaltet, wodurch die Drehzahl des Motors zunimmt. So erreicht der Rotor nahezu die synchrone Drehzahl. Was nun als neues Moment beim Anlaßvorgang hinzutritt, ist, daß sobald der Anlasser in der Endstellung angelangt ist, der Gleichstromgenerator direkt über die Schleifringe der Rotorwicklung Gleichstrom zuführt, und zwar nach dem Schaltbild der Abb. 28. Während zwei Phasen den halben Strom führen, fließt durch die dritte Phase der volle Gleichstrom. Über diese ungleiche Stromverteilung sei später noch geschrieben. Der Rotor des Asynchronmotors wird infolge der Durchströmung mit Gleichstrom zum Elektromagneten mit gleichbleibender Magnetisierung und wird somit vom nahezu gleich schnell umlaufenden Drehfeld des Stators erfaßt und zum synchronen Mitlauf gezwungen. Damit dieser Vorgang glatt stattfindet ist es notwendig, daß die Erregung des Gleichstromgenerators in genügendem Maße vorhanden ist. Mittels einem im Nebenschluß des Gleichstromgenerators befindlichen Regulierwiderstand kann der dem Rotor des Motors zugeführte Gleichstrom in seiner Größe verändert werden.

Das elektrische Verhalten des Synchron-Induktionsmotors (S-I-Motor) geht am übersichtlichsten aus dem Spannungs- und Stromdiagramm hervor. Die Aufstellung dieses Diagrammes soll nicht auf rechnerischer Grundlage, sondern nur mittels Überlegung geschehen. Auch sollen alle Details, welche die Verhältnisse nur kompliziert gestalten und auf die Genauigkeit ohne wesentlichen Einfluß sind, unterdrückt werden. Es wird daher im kommenden ein Diagramm entwickelt, welches den S-I-Motor bauenden Ingenieur vor allem gute Dienste leistet.

Wird der S-I-Motor als Asynchronmotor laufen gelassen, dann nimmt derselbe im Leerlauf den Magnetisierungsstrom $\mathfrak{J}_m$ auf. Von der Wattkomponente des Leerlaufstromes sei abgesehen. Geht man zur Belastung über, dann steigt der aufgenommene Strom zum Belastungsstrome $\mathfrak{J}_1$ an. Da die Netzspannung konstant ist, bleibt das magnetische Feld unverändert, und das Feld herrührend vom Zuwachs des Primärstromes wird durch das Feld des Sekundärstromes kompensiert. Der auf den Primärkreis bezogene Sekundärstrom heiße $\mathfrak{J}_2'$. Es bilden daher die Ströme $\mathfrak{J}_m$, $\mathfrak{J}_1$ und $\mathfrak{J}_2'$ ein Dreieck. Nebst den in der Primär- und Sekundärwicklung bestehenden EMK-$\mathfrak{E}_1$ und $\mathfrak{E}_2$ treten noch sowohl primär- als sekundärseitig die Streu- und die Ohmschen-EMK auf. Damit wären die Strom- und Spannungsverhältnisse beim Asynchronmotor im wesentlichen kurz charakterisiert.

Beim S-I-Motor wird der Sekundärkreis von einem Gleichstrom $\mathfrak{J}_g$ gespeist. Im Primärkreis fließt bei Belastung der Netzstrom $\mathfrak{J}_1$. Die konstante Netzspannung wird jetzt aber nicht durch eine vom Drehfeld erzeugte EMK balanciert, sondern durch die vom Gleichstromfeld in der Primärwicklung hervorgerufenen EMK. Bei verlustlosem Gang des S-I-Motors muß im Leerlauf der Maschine der auf den Primär-

kreis bezogene Gleichstrom $\mathfrak{I}_g'$ gerade gleich dem Magnetisierungs-
strome sein, welcher bei asynchronem Lauf besteht. Eine Steigerung
des Gleichstromes über diesen Wert bedingt einen Strom im Primärkreis, weshalb das Stromdreieck beim S-I-Motor aus den Vektoren
$\mathfrak{I}_m$, $\mathfrak{I}_1$ und $\mathfrak{I}_g'$ gebildet wird. In welcher Beziehung die Ströme $\mathfrak{I}_g$ und
$\mathfrak{I}_g'$ zueinander stehen, soll im späteren dargelegt werden.

Führt man ferner die Klemmenspannung $\mathfrak{E}_K$ des Motors ein, dann
läßt sich bekannterweise mit der Klemmenspannung $\mathfrak{E}_K$, der EMK $\mathfrak{E}_1$,
der Streu-EMK $\mathfrak{E}_s$ und der Ohmschen EMK $\mathfrak{E}_\Omega$ der Primärwicklung ein
geschlossenes Polygon zeichnen. Die Ohmsche EMK soll wegen ihrer
Kleinheit vernachlässigt werden. Daß der Magnetisierungsstrom $\mathfrak{I}_m$
in seiner Richtung senkrecht auf der Richtung der EMK $\mathfrak{E}_1$ steht, und

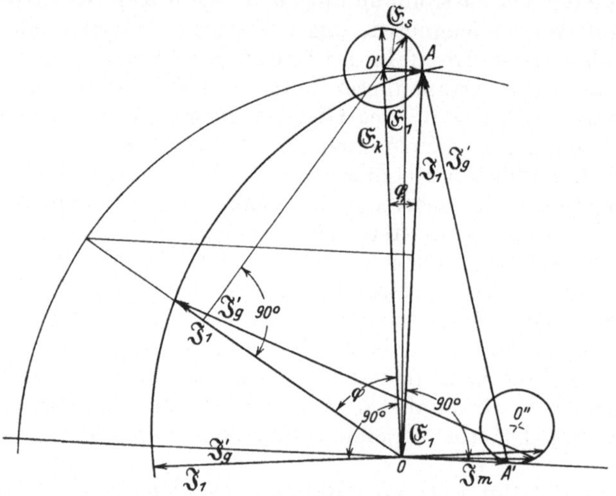

Abb. 29. Kreisdiagramm des Synchron-Induktionsmotors bei konstantem Erregerstrom.

daß die Richtung der Streu-EMK $\mathfrak{E}_s$ senkrecht zur Richtung des Stromes $\mathfrak{I}_1$ verläuft, darf wohl als bekannt angenommen werden. Nach
diesen Vorbemerkungen soll zur Entwicklung des Diagrammes geschritten werden.

Zuerst sei der Fall betrachtet, wo die Wattbelastung des S-I-Motors
geändert werde, der durch die Sekundärwicklung gesandte Gleichstrom aber unverändert bestehen bleibe. Unter diesen Bedingungen erhält man das Diagramm der Abb. 29, welches jetzt in seinem Aufbau
erläutert werde.

Um den Ausgangspunkt 0 des Diagrammes wird ein Halbkreis vom
Einheitsradius geschlagen. Dieser Radius, der der Strecke OA gleich-
kommt, wird vorteilhaft zu 100 mm angenommen. Diese Länge stelle
die Größe des Belastungsstromes $\mathfrak{I}_1$ bzw. der EMK $\mathfrak{E}_1$ dar, insofern die
Vektoren $\mathfrak{I}_1$ und $\mathfrak{E}_1$ sich in Phasenopposition befinden. Der Umlaufsinn
im Diagramm ist dem Uhrzeigersinne entgegengesetzt. Der Sinn des
Vektors $\mathfrak{I}_1$ deute nach oben. Infolge der motorischen Wirkung ist dann

der Sinn des Vektors $\mathfrak{E}_1$ nach abwärts zu richten. Bei dieser Festlegung ist der Magnetisierungsstrom $\mathfrak{J}_m$, der senkrecht auf dem Vektor $\mathfrak{E}_1$ steht, in Voreilung zur EMK $\mathfrak{E}_1$ einzuzeichnen. Damit die Klemmenspannung $\mathfrak{E}_K$ eingetragen werden kann, muß zunächst die Streu-EMK $\mathfrak{E}_s$ in ihrer Lage bestimmt werden. Die Richtung des Vektors $\mathfrak{E}_s$ steht senkrecht zur Richtung des Vektors $\mathfrak{J}_1$. Da der Vektor $\mathfrak{J}_1$ vorerst vertikal angenommen wird, kommt der Vektor $\mathfrak{E}_s$ horizontal zu liegen. Der Sinn dieses Vektors muß derart sein, daß sich der Belastungsstrom $\mathfrak{J}_1$ gegenüber demselben in Voreilung befindet. Ferner müssen die Vektoren $\mathfrak{E}_K$, $\mathfrak{E}_1$ und $\mathfrak{E}_s$ ein Dreieck bilden von geschlossenem Umlaufssinn. Auf diese Weise gelangt man zum Dreieck OAO'. An dieses Spannungsdreieck grenzt das Stromdreieck OAA' mit den Vektoren $\mathfrak{J}_1$, $\mathfrak{J}_g'$ und $\mathfrak{J}_m$. Die Größe des auf den Primärkreis bezogenen Gleichstromes $\mathfrak{J}_g'$ wird durch die Strecke AA' zur Darstellung gebracht. Weil der Stromvektor $\mathfrak{J}_1$ die Resultante der Stromkomponenten $\mathfrak{J}_m$ und $\mathfrak{J}_g'$ ist, ist auch der Sinn des Vektors $\mathfrak{J}_g'$ bestimmt.

Der Phasenwinkel, welchen die Vektoren $\mathfrak{E}_K$ und $\mathfrak{J}_1$ miteinander bilden, ist durch φ_1 dargestellt. Dieser Winkel ist also durch die Streu-EMK $\mathfrak{E}_s$ bedingt. Der Leistungsfaktor $\cos\varphi$ ist demnach für den Fall, wo der Belastungsstrom $\mathfrak{J}_1$ mit der EMK $\mathfrak{E}_1$ der Primärwicklung in Phasenopposition ist, nahezu gleich 1, weil die EMK $\mathfrak{E}_s$ verhältnismäßig klein ist.

Bei konstantem Gleichstrom $\mathfrak{J}_g'$ kommt eine wesentliche Vergrößerung der Wattbelastung über diejenige, welche den eben beschriebenen Spannungs- und Stromgrößen entspricht nicht in Frage. Verkleinert man die Wattleistung des Motors, dann dreht der Vektor $\mathfrak{J}_1$ offenbar im Drehsinne des Diagrammes und damit auch die auf diesem Vektor stets senkrecht stehende Streu-EMK $\mathfrak{E}_s$. Zunächst sei der geometrische Ort, auf dem die Spitze des Vektors $\mathfrak{E}_s$ läuft, wenn die Wattbelastung kleiner wird, festgelegt. Weil die Lage der Klemmenspannung $\mathfrak{E}_K$ sowie deren Größe unveränderlich bleibt, hat der Vektor $\mathfrak{E}_s$ seinen Drehpunkt in O'. Die Länge dieses Vektors ist der Größe des Belastungsstromes $\mathfrak{J}_1$ proportional. Wie voraus zu sehen ist, ändert der Wert von $\mathfrak{J}_1$, jedoch nicht dermaßen, daß die Veränderung der Größe der Streu-EMK $\mathfrak{E}_s$ einen starken Einfluß auf die Größe der EMK $\mathfrak{E}_1$ ausüben würde. Es ist somit angezeigt, einen Kreis mit dem Zentrum in O' und dem Radius $O'A$ als den gesuchten geometrischen Ort anzusprechen. Nehmen wir nun beispielsweise eine derartige Belastungsänderung an, daß der Belastungsstrom $\mathfrak{J}_1$ entsprechend einem $\cos\varphi = 0{,}9$ aus seiner vertikalen Lage herausdreht, dann dreht der Vektor $\mathfrak{E}_s$ im selben Maße mit. Man erkennt dabei, daß die EMK $\mathfrak{E}_1$ der Primärwicklung größer wird. Durch weiteres Verkleinern der Wattbelastung des S-I-Motors vergrößert sich die EMK $\mathfrak{E}_1$ immer mehr, bis dieselbe eine Größe gleich der algebraischen Summe der Vektoren $\mathfrak{E}_K$ und $\mathfrak{E}_s$ erreicht hat. Dies tritt in dem Moment ein, wenn der Leistungsfaktor $\cos\varphi$ des Motors den Wert Null aufweist, d. h. wenn der S-I-Motor nur noch Blindleistung abgibt. Da der Magnetisierungsstrom $\mathfrak{J}_m$ stets senkrecht auf der EMK $\mathfrak{E}_1$ steht, macht auch er eine Drehung im Drehsinn des Diagrammes mit, wobei derselbe auch eine Vergrößerung erfährt entsprechend der Kurve, die $\mathfrak{E}_1$ in Funktion von $\mathfrak{J}_m$ darstellt. Da die Stromvektoren $\mathfrak{J}_1$, $\mathfrak{J}_m$ und $\mathfrak{J}_g'$ stets ein Dreieck bilden müssen, hat die Konstruktion dieser Vektoren wie folgt zu geschehen.

Soll der Leistungsfaktor des S-I-Motors beispielsweise 0,8 betragen, dann wird zuerst ein Strahl unter einem Winkel, der einem cos φ vom Werte 0,8 entspricht, an den Vektor $\mathfrak{E}_K$ angetragen. Senkrecht zu diesem Strahle kommt der Vektor $\mathfrak{E}_s$ zu liegen. Hierauf kann die EMK $\mathfrak{E}_1$, welche die Vektoren $\mathfrak{E}_K$ und $\mathfrak{E}_s$ zu einem Dreieck schließt, gezeichnet werden. Der Vektor $\mathfrak{J}_m$ hat mit dem Vektor $\mathfrak{E}_1$ einen rechten Winkel zu bilden. Hat man die Länge des Vektors $\mathfrak{J}_m$ der Kurve $\mathfrak{J}_m =$ Funktion ($\mathfrak{E}_1$) entnommen und damit die Vektorspitze des Magnetisierungsstromes $\mathfrak{J}_m$ festgelegt, dann schlägt man quer zur Richtung des anfänglich gezeichneten Strahles einen Kreisbogen, wobei die Zirkelspitze mit der Vektorspitze von $\mathfrak{J}_m$ zusammenfällt und die Zirkelöffnung gleich der Länge des Vektors $\mathfrak{J}_g'$ ist. Auf diese Weise gewinnt man den Vektor $\mathfrak{J}_1$. Wiederholt man diese Konstruktion für verschiedene Werte des Leistungsfaktors, dann kann man alle Endpunkte der Vektoren $\mathfrak{J}_1$ miteinander zu einer Kurve verbinden, welche den geometrischen Ort für den Belastungsstrom bei Änderung der Wattbelastung des Motors darstellt. Dieser geometrische Ort kann, wie im kommenden gezeigt wird, durch einen Kreisbogen

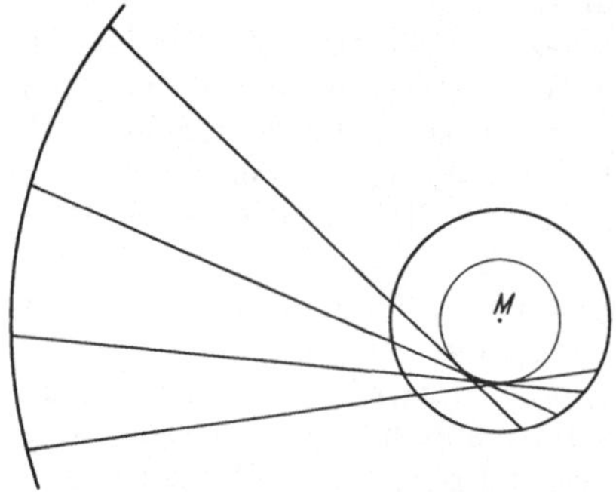

Abb. 30. Geometrische Beziehung.

wiedergegeben werden. Die diesbezügliche Beweisführung soll jedoch nicht gegeben werden, da einerseits die gesuchte Kurve streng genommen nicht absolut genau ein Kreisbogen ist, und da man anderseits mittels einfacher geometrischer Beziehungen auf einen Kreisbogen geführt wird, welcher die Verhältnisse mit praktisch weitaus genügender Genauigkeit zur Darstellung bringt.

In der Abb. 30 ist ein Bündel gleichlanger Strahlen, die sich schneiden, gezeichnet. Diese Strahlen gehen alle im selben Abstande an einem Punkte M vorbei. Ferner liegen die Strahlen derart, daß deren Endpunkte jeweilen auf Kreise zu liegen kommen. Diese Kreise sind koaxial mit dem Zentrum im Punkte M. Hieraus kann gefolgert werden, daß, wenn sich bei einem Büschel von sich schneidenden gleich langen Strahlen ein Punkt finden läßt, an dem die Strahlen in ein und demselben Abstand vorbeilaufen, und von dem aus als Zentrum sich die einen Enden auf einem Kreis vereinigen lassen, so muß dies auch für die andern Enden möglich sein. Unter Benutzung dieser geometrischen Tatsachen ergibt sich eine sehr einfache Konstruktion des geometrischen Ortes für den Belastungsstrom. Die eben betrachteten Strahlen von gleicher Länge sind durch die Vektoren $\mathfrak{J}_g'$ zu ersetzen. Die

Fußpunkte dieser Vektoren liegen auf den entsprechenden Spitzen der Vektoren $\mathfrak{J}_m$. Diese Vektorspitzen, lassen sich nun wie aus zahlreichen praktischen Beispielen hervorgeht, auf einer Kreisperipherie vereinigen. Das Zentrum dieses Kreises wird am einfachsten so gefunden, indem man den Abstand zwischen den Vektorspitzen des kleinsten und des größten Magnetisierungsstromes in den Zirkel nimmt, und von diesen beiden Spitzen aus Kreisbogen schlägt. Der Schnittpunkt dieser Bogen stellt den Mittelpunkt O'' des die Spitzen aller Magnetisierungsströme umfassenden Kreises dar. Ferner geht aus den manigfachen Diagrammaufzeichnungen aus der Praxis hervor, daß die Vektoren $\mathfrak{J}_g'$ stets in nahezu ein und demselben Abstand an dem Punkte O'' vorbeilaufen. Dies ließe sich auch an Hand von analytischen Darlegungen zeigen, wovon jedoch abgesehen werden soll. Der geometrische Ort für den Belastungsstrom $\mathfrak{J}_1$ ist also im vorliegenden Falle ein Kreisbogen, dessen Zentrum im Punkte O'' liegt und dessen Radius gleich der Strecke $O''A$ ist. Die eben beschriebene Konstruktion ist für den Berechnungsingenieur sehr wertvoll, da er das Verhalten des S-I-Motors bei konstantem Gleichstrom und veränderlicher Wattbelastung mit hinreichender Genauigkeit dem Diagramme entnehmen kann.

Es ist in der Praxis üblich, die S-I-Motoren derart zu dimensionieren, daß dieselben bei der normalen Abgabe der mechanischen Leistung einen Leistungsfaktor von 0,9 voreilend aufweisen. In diesem Zustande stellen sie also keine induktive Belastung dar, im Gegenteil, sie wirken kapazitiv. Je mehr bei konstantem Gleichstrom die Wattbelastung herabgesetzt wird, um so größer wird die kapazitive Wirkung, d. h. um so mehr kompensiert der Motor die induktiven Blindleistungen, die das Netz hergeben soll infolge gewöhnlicher Asynchronmotoren, Transformatoren und dergleichen. Es wird auch der Zustand erreicht, wo der S-I-Motor bei völliger mechanischer Entlastung nur noch kapazitive Blindleistung an das Netz liefert, man spricht dann von reiner Phasenkompensation, und der so arbeitende S-I-Motor wird dann Phasenkompensator genannt. Hat man beispielsweise in einer Fabrik eine größere Anzahl von Asynchronmotoren und man will den Leistungsfaktor der Anlage verbessern, dann tut man meistens besser, wenn man statt die einzelnen Motoren in S-I-Motoren umbaut, einen Phasenkompensator aufstellt. Mit Vorteil verwendet man die S-I-Motoren auch in Kraftwerken mit Wasser-Akkumulation. Zu Zeiten, wo das Werk überschüssige Energie erzeugen kann, wird dieselbe zum Betriebe von S-I-Motoren verwendet, die ihrerseits Pumpen antreiben zwecks Hochhebung von Wasser. Während der Zeit, wo die Energie des Werkes knapp ist, laufen die S-I-Motoren als reine Phasenkompensatoren zur Besserstellung des Leistungsfaktors der Anlage. Es tritt aber auch der Fall auf, wo bei Verminderung der mechanischen Leistung des S-I-Motors kein Bedürfnis zur Steigerung der Kompensation von induktiven Blindleistungen besteht. Der Gleichstrom wird dann mit abnehmender Wattbelastung auch herabgesetzt, und beispielsweise derart, daß der Leistungsfaktor des S-I-Motors 1 oder 0,9 voreilend bleibt, und zwar für alle Belastungen. Die Strom- und Spannungsverhältnisse gehen in einem solchen

Falle aus dem in der Abb. 31 dargestellten Diagramme hervor. Da das Verständnis dieses Diagrammes keine Schwierigkeiten bietet, sei von dessen Beschreibung abgesehen.

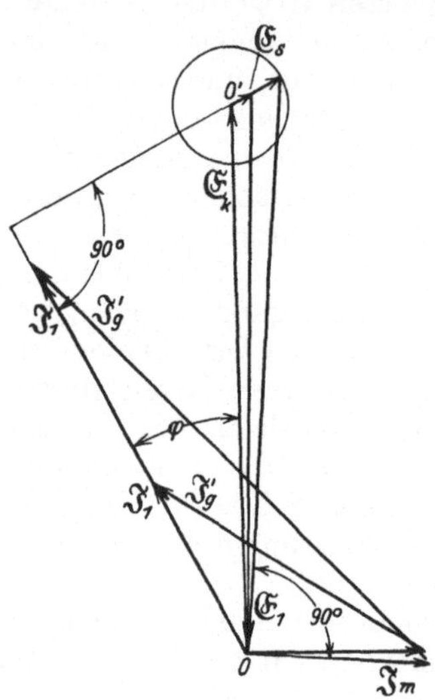

Abb. 31. Diagramm des Synchron-Induktionsmotors bei konstantem Leistungsfaktor cos φ.

Eine spezielle Verwendungsart des S-I-Motors bietet sich in vollautomatischen Erzeugerstationen. Der S-I-Motor wird dann von einer Wasserturbine angetrieben und er arbeitet als Generator. Wird die Anlage in Betrieb gesetzt, dann läuft das Maschinenaggregat so an, daß der S-I-Generator als Asynchronmotor funktioniert. Ist die Gruppe nahe bei der synchronen Drehzahl angelangt, dann wird der Netzschalter eingelegt, und die Maschine synchronisiert automatisch. Nicht nur die genannten Vorgänge, sondern auch das Öffnen und das Schließen des Turbinenschiebers können automatisch gesteuert werden. Bei allzu großer Belastung wird ebenfalls automatisch ausgelöst, worauf der Einschaltvorgang wieder eingeleitet werden kann, und zwar mit Fernsteuerung von der Hauptzentrale aus.

9. Die Berechnung des synchronisierten Asynchronmotors.

Da der Synchron-Induktionsmotor (S-I-Motor) dem Aufbau nach ein Asynchronmotor ist, erfolgt seine rechnerische Bestimmung nach dem im Abschnitte 2 „Die Berechnung des Drehstrom-Asynchronmotors" aufgestellten Berechnungsgang. Allerdings hat man den folgenden Punkt zu beachten. Während man beim Asynchronmotor Sekundärspannungen von etwa 100 bis 500 Volt hat (Spannungen zwischen den Schleifringen im Anlauf), ist man beim S-I-Motor gezwungen, Anlaufspannungen von mehr wie 500, manchmal mehr wie 1000 Volt zuzulassen. Dies aus dem Grunde, um den dem Sekundärteil, welches meistens der Rotor ist, zugeführten Gleichstrom genügend klein zu halten. Überschreitet nämlich der Wert dieses Gleichstromes gewisse obere Grenzen, dann müssen die Schleifringe, der Kollektor des Gleichstromgenerators und die Sekundärwicklung speziellen Anforderungen gewachsen sein, welche eine Verteuerung der Maschine bedingen. Bei Maschinen von einigen 1000 PS muß man sogar zwecks genügender Verkleinerung des Gleichstromes so hohe Anlaufspannungen in die Rechnung einbeziehen, daß der Anlauf mittels eines Anlaßtransformators vorgenommen werden muß. Der S-I-Motor wird also in Stufen auf die Netzspannung gebracht. Aus dem obigen folgt, daß nach der Berechnung des Primärteiles, welches meistens der Stator ist, die Größe des erforderlichen Gleichstromes bestimmt wird, worauf derselbe mittels eines passend gewählten Übersetzungsverhältnisses auf einen Wert gebracht wird, der eine einfache Konstruktion der Schleifringe, des Kollektors und der Sekundärwicklung zuläßt. An Hand eines Rechnungsbeispieles, welches diesen Abschnitt zum Abschlusse bringt, werden die genannten Verhältnisse noch beleuchtet. Vorerst sollen jedoch die Gleichungen zur Bestimmung der Gleichstromanordnung aufgestellt werden.

Der Gleichstrom wird gemäß dem Schema der Abb. 28 der Drehstromwicklung zugeführt. Die Phase I führt den ganzen Strom $\mathfrak{J}_g$, die Phasen II und III sind je nur von der Hälfte des Stromes $\mathfrak{J}_g$ durchflossen. Wollte man die Stromdichte wie beim Asynchronmotor in allen drei Phasen gleich gestalten, dann müßte der Kupferquerschnitt der einzelnen Phasen den Strömen entsprechend verschieden sein. In der Praxis sieht man im allgemeinen von der Verwendung verschiedener Querschnitte ab, und zieht also die Einfachheit der Wicklung der gleichmäßigen Stromdichteverteilung vor. Wie aus den Diagrammen der Abb. 29 und 31 ersichtlich ist, setzt sich der auf den Primärkreis bezogene Gleichstrom $\mathfrak{J}_g'$ aus der geometrischen Summe der Stromvektoren $\mathfrak{J}_m$ und $\mathfrak{J}_1$ zusammen. Kennt man einmal die Größe und die Lage der Vektoren $\mathfrak{J}_m$ und $\mathfrak{J}_1$, dann ist es ohne weiteres möglich, die Größe von $\mathfrak{J}_g'$ zu bestimmen. Es ist nun aber zu beachten, daß die Ströme $\mathfrak{J}_m$ und $\mathfrak{J}_1$ durch Effektivwerte dargestellt werden, und daß die ihnen entsprechenden Felder Höchstwerte aufweisen, welche $\sqrt{2}$ mal größeren Strömen zugeordnet sind. Hieraus geht hervor, daß erst der mit $\sqrt{2}$ multiplizierte Gleichstrom $\mathfrak{J}_g'$ einen

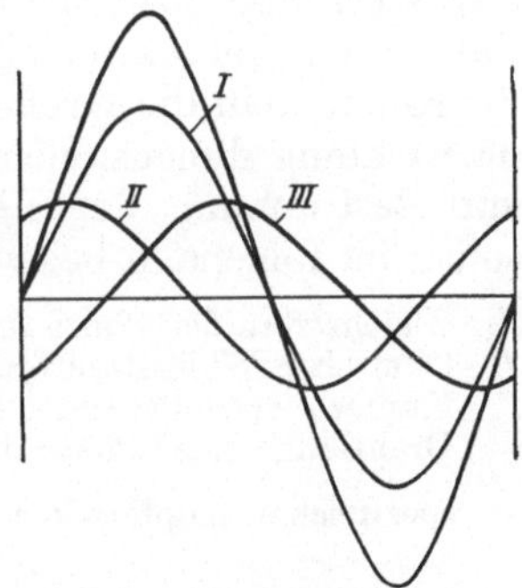

Abb. 32. Darstellung von Drehströmen.

gleichwertigen Höchstwert des Feldes schafft. Unter dieser Bedingung erzeugt die vom Gleichstrome nach Abb. 28 durchflossene Drehstromwicklung genau denselben Höchstwert des Feldes, wie wenn dieselbe vom Drehstrom gespeist ist. Zum besseren Verständnis diene die Abb. 32, in welcher der Moment festgehalten ist, wo in der Phase I der volle und in den Phasen II und III der halbe Momentanwert des Wechselstromes besteht. Stellt u das Übersetzungsverhältnis des S-I-Motors dar, dann berechnet sich der der Sekundärwicklung zuzuführende Gleichstrom J_g nach der Beziehung

$$J_g = J_g' \cdot \sqrt{2} \cdot u \,.$$

Soll der S-I-Motor auch als reiner Phasenkompensator arbeiten, wobei der volle normale Belastungsstrom $\mathfrak{J}_1$ als Kompensationsstrom aufzutreten hat, dann ist auf die Erscheinung, daß bei mechanischer Entlastung des Motors bei gleichbleibendem Gleichstrom der Primärstrom $\mathfrak{J}_1$ kleiner wird, Rücksicht zu nehmen (siehe Abb. 29). Um bei $\cos \varphi = 0$ des S-I-Motors den sonst bei $\cos \varphi = 1$ bestehenden Strom $\mathfrak{J}_1$ als Kompensationsstrom zu besitzen, ist daher der Gleichstrom $\mathfrak{J}_g$

wesentlich zu vergrößern. Dieser Zuwachs von $\mathfrak{J}_g$ ist einerseits durch die Änderung der Phasenlage der Ströme und anderseits durch die Zunahme des Magnetisierungsstromes bedingt. Wird also ein S-I-Motor auch zur reinen Phasenkompensation herangezogen, dann empfiehlt es sich, das Eisen nicht zu stark zu sättigen, ansonst der Magnetisierungsstrom und damit der Gleichstrom unverhältnismäßig stark ansteigt, was eine zu hohe Erwärmung der Wicklung zur Folge hätte. Bei den üblichen Eisensättigungen kann der bei reiner Kompensation des S-I-Motors benötigte Gleichstrom J_g nach der folgenden Gleichung berechnet werden

$$J_g = J_g' \cdot \sqrt{2} \cdot u = (J_1 + J_m) \cdot \sqrt{2} \cdot u \cdot 1{,}1 \,.$$

Hierin bedeutet J_m derjenige Wert des Magnetisierungsstromes, welcher sich bei der üblichen Asynchronmotoren-Berechnung ergibt, dasselbe gilt für den Wert des Belastungsstromes J_1 für einen Leistungsfaktor $\cos \varphi = 0{,}9$. Die S-I-Motoren werden nämlich im allgemeinen für diesen Wert von $\cos \varphi$ berechnet. Der in obiger Gleichung auftretende Faktor 1,1 berücksichtigt die Zunahme des Magnetisierungsstromes.

Kennt man die Größe des Gleichstromes J_g, dann kann die Sekundärwicklung dimensioniert werden. Liegt dieselbe fest, dann geht man zur Bestimmung der Leistung des Gleichstromgenerators über. Es sollen im folgenden bedeuten:

J_g Gleichstrom der Phase I der Sekundärwicklung in Amp. (Siehe Abb. 32)

R Ohmscher Widerstand einer Phase der Sekundärwicklung in Ohm

F Kupferquerschnitt einer Phase der Sekundärwicklung in dm²

l Drahtlänge einer Phase der Sekundärwicklung in dm

ε spezifischer Kupferwiderstand in $\dfrac{\text{Ohm} \cdot \text{dm}}{\text{dm}^2}$

γ spezifisches Gewicht des Kupfers in $\dfrac{\text{kg}}{\text{dm}^3}$

V Kupfervolumen einer Phase der Sekundärwicklung in dm³

G Gewicht des Kupfers aller drei Phasen der Sekundärwicklung in kg

j_g Stromdichte im Kupfer der Sekundärwicklung in Amp. pro dm².

Die in der Sekundärwicklung erzeugte Stromwärme muß gleich der zu bestimmenden Leistung des Gleichstromgenerators sein. Diese Leistung sei mit W bezeichnet und zunächst in Watt ausgedrückt. In der Schlußgleichung sei jedoch auf Kilowatt übergegangen, und die Stromdichte j_g in Amp. pro mm² ausgedrückt.

Die Stromwärme in der Sekundärwicklung drückt sich unter Verwendung der obigen Größen aus durch die Gleichungen:

$$W = \left(J_g^2 + \frac{J_g^2}{4} + \frac{J_g^2}{4} \right) \cdot R = \frac{3}{2} J_g^2 \cdot R \,.$$

Ersetzt man den Strom J_g und den Ohmschen Widerstand R durch die Größen F, j_g, l und ε, dann erhält man die Gleichungen

$$W = \frac{3}{2} (F \cdot j_g)^2 \cdot \frac{l}{F} \varepsilon = \frac{3}{2} j_g^2 \cdot F \cdot l \cdot \varepsilon \,.$$

Der Ausdruck

$$3 \cdot \gamma \cdot F \cdot l$$

stellt das totale Gewicht G der Sekundärwicklung dar, weshalb man schreiben kann

$$W = \frac{\varepsilon}{2\cdot\gamma}\cdot j_g^2\cdot G\,.$$

Indem man für ε und γ die Zahlenwerte $0{,}0204\cdot 10^{-5}$ und $8{,}9$ einsetzt, wobei zu beachten ist, daß das Kupfer der Sekundärwicklung betriebswarm angenommen ist, erhält man für die Leistung des Gleichstromgenerators die Bestimmungsgleichung

$$W = 1{,}15\cdot 10^{-8}\cdot j_g^2\cdot G$$

oder wenn die Stromstärke in Amp. pro mm², und die Leistung in Kilowatt verstanden wird

$$W = 1{,}15\cdot 10^{-3}\cdot j_g^2\cdot G\,.\,.$$

Es soll nun zum Rechnungsbeispiel übergegangen werden. Die Berechnung wird für einen S-I-Motor von recht großer Leistung durchgeführt, welcher zum Antrieb einer Pumpe dient, und zur Verbesserung des Leistungsfaktors des Netzes Verwendung findet. Während die Berechnung der elektrischen Daten sich einfach gestaltet, bietet die Konstruktion mancherlei Schwierigkeiten. Der Eisenkörper des Rotors wird nämlich lamelliert, und zwar aus Segmenten und nicht ganzen Blechringen. Segmente müssen verwendet werden, weil genügend große Blechtafeln nicht erhältlich sind oder dann die Stanzmaschinen für so große Dimensionen nicht vorgesehen sind. Daß ein aus Segmenten aufgebauter Rotor für hohe Umfangsgeschwindigkeiten speziell durchkonstruiert werden muß ist ohne weiteres verständlich. Der als Beispiel herangezogene Motor wurde von der Maschinenfabrik Oerlikon gebaut und ist seit einigen Jahren mit bestem Erfolg im Betriebe.

Die geforderten Daten des S-I-Motors sind die folgenden:

Blindleistung als reiner Kompensator 5000 KVA $= L$
Mechanische Leistung bei cos $= 0{,}75$ voreilend 5100 PS
Netzspannung 8400 Volt verkettet $= E_1\cdot\sqrt{3}$
Frequenz 50 $= f$
Synchrone Drehzahl 750 Umdrehungen pro Minute $= n$.

Es berechnen sich die elektrischen Daten wie folgt:
Die Polzahl ergibt sich zu

$$p = \frac{120\cdot f}{n} = \frac{120\cdot 50}{750} = 8\,.$$

Der maximale Statorstrom J_1 weist den Wert auf

$$J_1 = \frac{L\cdot 1000}{\sqrt{3}\cdot E_1\cdot\sqrt{3}} = \frac{5000\cdot 1000}{\sqrt{3}\cdot 8400} = 344\ \text{Amp.}$$

Bevor die im Abschnitt 2 „Die Berechnung des Drehstrom-Asynchronmotors" aufgestellten Berechnungsformeln ausgewertet werden können, sind die in der Tabelle am Ende jenes Abschnittes aufgeführten Werte für die Luftinduktion B_L, die Magnetisierungskonstante x und den

Ampere-Windungsfaktor ϑ abzulesen. Für den vorliegenden Motor ergeben sich die Werte:

$$B_L = 7800, \quad x = 0{,}27, \quad \vartheta = 27.$$

Für die Größe des Luftspaltes ϑ erhält man jetzt

$$\mathfrak{d} = 930 \cdot x \sqrt[7]{\frac{\vartheta^4 \cdot E_1^3 \cdot J_1^3}{p \cdot f^3 \cdot B_L^{10}}} = 930 \cdot 0{,}27 \cdot \sqrt[7]{\frac{27^4 \cdot 4850^3 \cdot 344^3}{8 \cdot 50^3 \cdot 7800^{10}}} = 0{,}294 \text{ cm}.$$

Dieser Wert wird auf 0,3 cm aufgerundet. Nun kann der Durchmesser D der Statorbohrung bestimmt werden mittels der Formel

$$D = \frac{2800}{B_L} \cdot \sqrt{\frac{x \cdot p \cdot E_1 \cdot J_1}{f \cdot \mathfrak{d}}} = \frac{2800}{7800} \cdot \sqrt{\frac{0{,}27 \cdot 8 \cdot 4850 \cdot 344}{50 \cdot 0{,}3}} = 176 \text{ cm}.$$

Bei quadratischen Polflächen berechnet sich die Breite b des aktiven Eisens des Stators oder Rotors zu

$$b = \frac{\pi \cdot D}{p} = \frac{\pi \cdot 176}{8} = 69 \text{ cm}.$$

Da aus mechanischen Gründen die Umfangsgeschwindigkeit des Rotors 60 m pro sek nicht wesentlich übersteigen soll, sei der Rotordurchmesser, welcher 176 cm minus den doppelten Luftspalt beträgt, auf 160 cm erniedrigt. Die Umfangsgeschwindigkeit u besitzt dann den Wert

$$u = \frac{D \cdot \pi \cdot n}{60} = \frac{1{,}6 \cdot \pi \cdot 750}{60} = 62{,}8 \text{ m/sek}.$$

Es ist nun notwendig, die Breite b des Stators derart zu vergrößern, daß dem Motor die geforderte Leistung entnommen werden kann. Bekanntlich ist die Leistung dem Quadrat des Durchmessers D und der Breite b linear proportional. Demzufolge erhält man für die Breite b

$$b = 69 \cdot \left(\frac{176}{160}\right)^2 = 83{,}5 \text{ cm}.$$

Erfahrungsgemäß ist die so modifizierte Breite b etwas zu groß, weshalb b auf den Wert von 80 cm reduziert werden darf. Es sei gleich hier gesagt, daß die Breite b des ausgeführten S-I-Motors sogar auf 75 cm festgelegt wurde, was bei der ausgezeichneten Ventilation, die jener Motor erhielt, zulässig war. Für das vorliegende Beispiel sei aber der Wert von 80 cm für b beibehalten. Es gelten also die Werte

$$\mathfrak{d} = 0{,}3 \text{ cm}, \qquad D = 160 \text{ cm}, \qquad b = 80 \text{ cm}.$$

Die Seriestabzahl z_1 einer Statorphase bestimmt sich zu

$$z_1 = \frac{p \cdot \mathfrak{d} \cdot B_L}{x \cdot J_1} = \frac{8 \cdot 0{,}3 \cdot 7800}{0{,}27 \cdot 344} = 202.$$

Wählt man die Nutenzahl pro Pol und Phase des Stators m_1 zu 4, dann ergibt sich die Nutenzahl N_1 des Stators zu

$$N_1 = 3 \cdot m_1 \cdot p = 3 \cdot 4 \cdot 8 = 96.$$

Bei einer Seriestabzahl von 6 Leitern pro Nut gewinnt man den folgenden Wert für z_1

$$z_1 = \frac{N_1}{3} \cdot 6 = \frac{96}{3} \cdot 6 = 192.$$

Diese Größe stimmt mit genügender Annäherung mit dem erst berechneten Wert für z_1 überein, weshalb die angenommenen Werte für die Nutenzahl pro Pol und Phase und die Seriestabzahl einer Nute als endgültig angesehen werden können.

Zur Festlegung des Stabquerschnittes der Wicklung ist einmal die zulässige Stromdichte und dann die leichte Herstellbarkeit der Wicklung maßgebend. Die Stromdichte j wird ebenfalls der Tabelle am Ende des Abschnittes 2 entnommen. Im vorliegenden Falle beträgt dieselbe 3 Ampere pro mm². Wird der Flächeninhalt des Stabquerschnittes auf 117 mm² festgesetzt, dann erreicht die Stromdichte den Wert

$$j_1 = \frac{344}{117} = 2\ 94 \ \text{Amp./mm}^2 .$$

Der Flächeninhalt wurde deshalb gerade zu 117 mm² angenommen, weil ein Kupferstab mit einer Dicke von 6,5 mm und einer Breite von 18 mm als zweckmäßig erachtet wurde. Es muß als vorsichtig bezeichnet werden, wenn die Stromdichte eher etwas kleiner als größer wie der Tabellenwert ausfällt.

Bei einer Nutisolation mit einem 3,5 mm dicken Mikanitkännel, sowie entsprechender Leiterisolation und bei Placierung eines kräftigen Nutenkeiles erhält man eine Nutenbreite b_{N_1} von 27 mm und eine Nutenhöhe h_{N_1} von 62 mm.

Es ist natürlich noch nachzurechnen, ob die magnetischen Induktionen im Joch- und Zahneisen des Statorbleches die zulässigen Werte nicht überschreiten. Zu diesem Zwecke ist zunächst der magnetische Fluß Φ_L im Luftspalt zu bestimmen, derselbe berechnet sich nach der Formel

$$\Phi_{L_1} = \frac{E_1 \cdot 10^8}{2,22 \cdot f \cdot z_1} = \frac{4850 \cdot 10^8}{2,22 \cdot 50 \cdot 192} = 22,7 \cdot 10^6 .$$

Damit die Induktion B_{j1} im Statorjoch berechnet werden kann, muß noch die aktive Jochhöhe h_{j1} festgelegt werden. Wird der äußere Durchmesser D_a des Statorbleches zu 220 cm angenommen, und werden axiale Ventilationskanäle von 3 cm Durchmesser in 2 konzentrischen Reihen vorgesehen, dann bleibt eine aktive Jochhöhe von 17,8 cm. Unter diesen Umständen ergibt sich die Jochinduktion B_{j1} zu

$$B_{j_1} = \frac{\Phi_L}{1,71 \cdot h_{j_1} \cdot b} = \frac{22,7 \cdot 10^6}{1,71 \cdot 17,8 \cdot 80} = 9300 \ \text{Gauß} .$$

Dieser Wert für B_{j_1} ist zulässig, da die Jochinduktion im Stator zwischen 9000 und 10000 Gauß betragen soll. Um die Größe der Zahninduktion B_{z_1} bestimmen zu können, ist die Breite l_{N_1} des Statorzahnes an seiner engsten Stelle zunächst zu berechnen. Die Teilung t_{N_1} der Statornutung hat den Wert

$$t_{N_1} = \frac{D \cdot \pi}{N_1} = \frac{160 \cdot \pi}{96} = 5,25 \ \text{cm} .$$

Mithin beläuft sich der Wert von l_{N_1} auf 2,55 cm. Für die maximale Zahninduktion erhält man damit

$$B_{z_1}^- = \frac{\Phi_L}{1,56 \cdot m_1 \cdot l_{N_1} \cdot b} = \frac{22,7 \cdot 10^6}{1,56 \cdot 4 \cdot 2,55 \cdot 80} = 18\,000 \ \text{Gauß} .$$

Dieser Wert ist gerade an der Grenze der zulässigen Höchstinduktion und weist somit auf richtige Dimensionierung der Zähne hin. Zu bemerken ist noch, daß der in obiger Formel benutzte Faktor 1,56 mit dem in der entsprechenden Gleichung des Abschnittes 2 vorkommenden Werte nicht ganz übereinstimmt. Dies rührt davon her, daß der im früheren angegebene Wert von 1,5 als Mittelwert aufzufassen ist, und für das vorliegende Beispiel der in Frage stehende Faktor infolge der kleinen Streuung, welche große und schnell laufende Motoren aufweisen, größer ausfällt. Der Streukoeffizient des Stators wurde zu 0,012 angenommen.

Bevor der Rotor berechnet werden kann, muß der Magnetisierungsstrom J_m, den der Motor als Asynchronmotor aufnimmt, bestimmt werden. Nimmt man das Eisen als widerstandslos für den Flußdurchgang, an, dann hat der Magnetisierungsstrom den Wert

$$J'_m = \frac{p \cdot \mathfrak{d} \cdot B_L}{1,78 \cdot z_1} = \frac{8 \cdot 0,3 \cdot 7800}{1,78 \cdot 192} = 55 \text{ Amp.}$$

Bedenkt man, daß die Magnetisierungskonstante x den Aufbau hat

$$x = \frac{x'}{100} \cdot \frac{1,78}{x''},$$

wobei die Bedeutung der Größen x' und x'' durch die folgende Ansätze festliegt

$$J_m = \frac{x'}{100} \cdot J_1$$
$$J_m = x'' \cdot J'_m,$$

dann findet man einen Magnetisierungsstrom von der Größe

$$J_m = 88 \text{ Amp.}$$

Es ist vorauszusehen, daß bei einem S-I-Motor von 5000 KVA Kompensationsleistung die Rotorspannung hoch gewählt werden muß, ansonst der durch die Rotorwicklung zu sendende Gleichstrom für eine einfache Konstruktion unzulässig groß ausfällt. Der Anlauf des S-I-Motors erfolge daher mit Hilfe eines Anlaßtransformators, wobei die Netzspannung nicht in einem Schlage in ihrer ganzen Größe, sondern in stufenweiser Steigerung an die Statorwicklung gelegt wird.

Wählt man im Rotor für die Nutenzahl m_2 pro Pol und Phase den Wert 5, dann ergibt sich eine Rotornutzahl N_2 von

$$N_2 = 3 \cdot m_2 \cdot p = 3 \cdot 5 \cdot 8 = 120.$$

Setzt man die Seriestabzahl einer Nut auf 4 fest, dann wird die Seriestabzahl z_2 einer Rotorphase

$$z_2 = \frac{N_2}{3} \cdot 4 = \frac{120}{3} \cdot 4 = 160.$$

Bei dem bereits im obigen angenommenen Streukoeffizienten τ_1 des Stators vom Werte 0,012 und den eben festgelegten Nuten- und Seriestabzahlen beläuft sich die Phasenspannung E_2 im Rotor auf

$$E_2 = \frac{E_1}{(1 + \tau_1)} \cdot \frac{z_2}{z_1} = \frac{4850}{1,012} \cdot \frac{160}{192} = 4000 \text{ Volt.}$$

Es ist klar, daß eine so hohe Anlaufspannung nicht zulässig wäre, weshalb der Anlauftransformator erforderlich ist. Wie die folgende Rechnung zeigt, ist aber infolge dieser hohen Rotorphasenspannung der Gleichstrom J_g nicht allzu hoch. Unter Verwendung der eingangs dieses Abschnittes hergeleiteten Formel zur Berechnung des Gleichstromes J_g ergibt sich für den letzteren den Wert

$$J_g = (J_1 + J_m) \cdot \sqrt{2} \cdot u \cdot 1,1 = (344 + 88) \cdot \sqrt{2} \cdot \frac{192}{160} \cdot 1,1 = 800 \text{ Amp.}$$

Der Gleichstrom J_g wird durch eine Rotorphase in die Wicklung eingeführt und durch die beiden andern Phasen zum Generator zurückgeleitet. Dies bedingt eine ungleichmäßige Stromverteilung in der Rotorwicklung, weshalb die Stromdichte in der doppelt beanspruchten Phase nach der Tabelle am Ende des Abschnittes 2 für die vorliegende Maschine bis 4,5 Amp mm² betragen darf. Sieht man für die Rotorwicklung einen Stab vom Querschnitte 3,75·23 mm vor, und legt 2 Stäbe parallel, dann erhält man in der doppelt beanspruchten Phase eine Stromdichte von

$$j_g = \frac{800}{2 \cdot 3,75 \cdot 23} = 4,64 \text{ Amp/mm}^2$$

und in der einfach beanspruchten Phase von

$$j_g = \frac{400}{2 \cdot 3,75 \cdot 23} = 2,32 \text{ Amp/mm}^2.$$

Wird in die Rotornut ein Mikanitkännel von 1,4 mm Dicke gelegt, und die Leiter mit 0,4 mm dicken Mikanitlagen voneinander isoliert, dann ergibt sich bei Placierung eines kräftigen Nutenkeiles eine Nut von 21 mm Breite und 68 mm Höhe.

Die Nachrechnung der Joch- und Zahninduktionen ergibt die folgenden Werte

$$B_{j_2} = \frac{\Phi_L}{1,8 \cdot h_{j_2} \cdot b} = \frac{22,7 \cdot 10^6}{1,8 \cdot 7,4 \cdot 80} = 21\,300 \text{ Gauß,}$$

$$B_{z_2} = \frac{\Phi_L}{1,58 \cdot m_2 \cdot l_{N_2} \cdot b} = \frac{22,7 \cdot 10^6}{1,58 \cdot 5 \cdot 1,72 \cdot 80} = 20\,800 \text{ Gauß.}$$

In Wirklichkeit besteht die obige überaus große Jochinduktion nicht, da als Jochhöhe h_{j_2} nur die Höhe des Bleches minus 6 cm für die axial verlaufenden Kühlkanäle in die Bestimmungsgleichung eingesetzt wurde. Die Blechsegmente sind mittels Schwalbenschwänzen auf Stahlringen befestigt, welch letztere auf einen kräftigen Rotorstern aufgezogen sind. Dadurch ist die tatsächliche Jochhöhe etwa doppelt so groß, womit die eigentliche Induktion nur etwa die Hälfte des obigen Wertes ausmacht. Die Zahninduktion zeigt einen Wert, der gerade noch als zulässig angesehen werden kann.

Nachdem die elektrischen Daten des S-I-Motors gefunden sind, muß die Leistung des Gleichstromgenerators ermittelt werden. Da das Kupfergewicht der Rotorwicklung 1320 kg beträgt, erhält man die folgende Erregerleistung W

$$W = 1,15 \cdot 10^{-3} \cdot j_g^2 \cdot G = 1,15 \cdot 10^{-3} \cdot 4,64^2 \cdot 1320 = 33 \text{ KW.}$$

Bei 800 Amp. Gleichstrom ergibt sich eine Gleichspannung von 41 Volt. Da in den Verbindungskabeln als auch in den Kohlenbürsten ein nicht zu vernachlässigender Spannungsabfall auftritt, ist ein Zuschlag von 10% notwendig, womit die Gleichspannung auf 45 Volt ansteigt. Die Leistung des Generators wächst somit auf 36 KW an. Es ist ohne weiteres klar, daß der Gleichstromgenerator nicht zu knapp bemessen werden darf, womit er für eine Leistung von 40 KW vorgesehen werden muß.

Bemerkt soll noch werden, daß es sich empfiehlt die Statornuten (beispielsweise) um eine Rotornutteilung schief zu stellen, womit der Anlauf der Maschine sichergestellt wird. Auch müssen die Schleifringe reichlich dimensioniert werden, ansonst deren Temperatur unzulässig ausfallen kann, Das Anbringen von Kühlrippen an den Seitenflächen der Schleifringe von S-I-Motoren ist öfters notwendig.

IV. Anhang.

10. Die Kreisgleichung mit komplexen Zahlen.

Die elektrischen Größen wie Strom und Spannung werden in ihrem zeitlichen Verlauf durch Sinusschwingungen dargestellt. Eine solche Schwingung kann nicht nur durch die Aufzeichnung der Sinuslinie zur Darstellung gebracht werden, sondern auch mit Hilfe eines drehenden Vektors.

Denkt man sich einen in der Länge unveränderlichen Vektor, welcher mit konstanter Winkelgeschwindigkeit um seinen Fußpunkt dreht, dann erkennt man, daß die Projektion dieses Vektors auf eine durch den Fußpunkt gehende Gerade eine nach dem Sinusgesetz veränderliche Größe darstellt. Ein so gekennzeichneter Vektor soll Zeitvektor genannt werden. Die Länge dieses Vektors ist gleich der maximalen Amplitude der Sinusschwingung, und die Zeit, welche der Vektor zu einer vollen Umdrehung benötigt, stimmt mit der Zeit einer Periode der Sinusschwingung überein.

Zeichnet man einen Zeitvektor in ein Kartesisches Koordinatensystem so ein, daß der Fußpunkt des Vektors in den Koordinaten-Nullpunkt zu liegen kommt, dann wird durch die Länge und die Richtung des Vektors ein Punkt der Gaußschen Zahlenebene fixiert. Jedem Punkt der Gaußschen Zahlenebene kommt eine komplexe Zahl zu. Eine komplexe Zahl wird aus einem reellen und einem imaginären Teil gebildet. Sowohl der reelle als auch der imaginäre Teil kann alle Zahlenwerte zwischen $\pm \infty$ durchlaufen. Die reellen Zahlen werden der einen, die imaginären Zahlen der anderen Achse des Achsenkreuzes zugeordnet. Hieraus ergibt sich, daß die in der Analysis verwendete komplexe Zahl mit dem in der Graphik gebräuchlichen Zeitvektor gleichwertig ist. Es soll daher in der Schreibweise zwischen Zeitvektor und komplexer Zahl kein Unterschied gemacht werden. Für die Bezeichnung solcher Größen seien gotische Buchstaben gewählt.

Der Grund, weshalb die Zeitvektoren durch komplexe Zahlen ausgedrückt werden sollen, liegt in dem Bestreben mit elementaren mathematischen Mitteln die Vektorgleichungen lösen zu können, welche bei Anwendung der Kirchhoffschen Gesetze auf Stromkreise entstehen. Die Vektoranalysis wird nicht benötigt.

Bezeichnet man mit r den reellen, und mit l den imaginären Teil einer komplexen Zahl $\mathfrak{A}$, dann lautet die Schreibweise für $\mathfrak{A}$

$$\mathfrak{A} = r + j \cdot l \qquad\qquad (\pm j)^2 = -1 \, .$$

Führt man den Winkel α, welcher die Richtung des Zeitvektors mit der reellen Achse einschließt, in die Schreibweise ein, dann stellt sich $\mathfrak{A}$ dar durch

$$\mathfrak{A} = A \left(\cos \alpha + j \cdot \sin \alpha\right)$$

oder auch durch

$$\mathfrak{A} = A \cdot e^{j \cdot \alpha} \, ,$$

worin A die Länge des Zeitvektors (auch Betrag genannt) und e die Basis der natürlichen Logarithmen bedeutet. Die Abb. 33 veranschaulicht diese Verhältnisse.

Der Betrag A des Zeitvektors $\mathfrak{A}$ ergibt sich aus den Beträgen der reellen und imaginären Komponente r und l, es gilt

$$A = \sqrt{r^2 + l^2} \, .$$

Für den Winkel α bestehen die Beziehungen

$$\cos \alpha = \frac{r}{A} \qquad \sin \alpha = \frac{l}{A} \, .$$

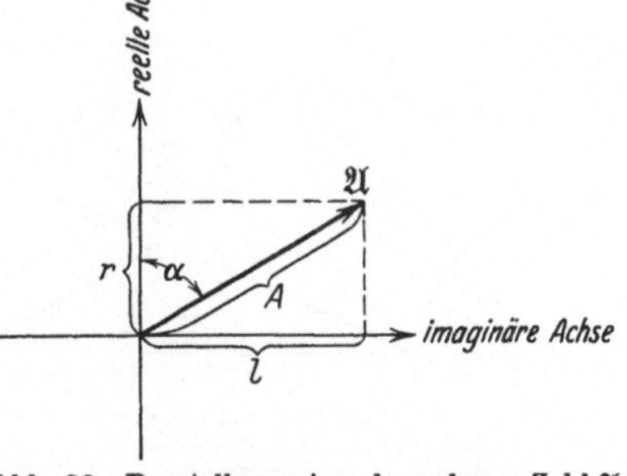

Abb. 33. Darstellung einer komplexen Zahl $\mathfrak{A}$.

Recht bemerkenswert ist die Größe des Faktors $e^{j \cdot \alpha}$, man findet für denselben den Wert

$$e^{j \cdot \alpha} = \sqrt{\cos^2 \alpha + \sin^2 \alpha} = 1 \, .$$

Der absolute Wert dieser Größe ist gleich der Einheit, woraus hervorgeht, daß $e^{j \cdot \alpha}$ nur die Richtung des Zeitvektors festlegt.

Es möge noch gezeigt werden, daß bei Multiplikation eines Zeitvektors mit j derselbe um $\frac{\pi}{2}$ verdreht wird. Die Größe j kann dargestellt werden durch

$$j = \cos \frac{\pi}{2} + j \cdot \sin \frac{\pi}{2} = e^{j \cdot \frac{\pi}{2}} \, .$$

Wird der beliebige Vektor

$$\mathfrak{A} = A \cdot e^{j \cdot \alpha}$$

mit j multipliziert, so ergibt sich

$$j \cdot \mathfrak{A} = A \, e^{j \cdot \alpha} \cdot e^{j \cdot \frac{\pi}{2}} = A \cdot e^{j \left(\alpha + \frac{\pi}{2}\right)} \, .$$

Hieraus erkennt man, daß der angenommene Vektor um $\frac{\pi}{2}$ verdreht erscheint.

Nach diesen kurzen einleitenden Betrachtungen über die symbolische Methode, wie man diese Rechenart nennt, kann man bereits zur Untersuchung eines Ausdruckes von der Form

$$\mathfrak{G} = \mathfrak{A} + \mathfrak{B} \cdot p$$

schreiten. Die Größen $\mathfrak{G}$, $\mathfrak{A}$ und $\mathfrak{B}$ sind durch komplexe Zahlen ausgedrückte Zeitvektoren. Der Faktor p ist ein Parameter, er durchläuft alle reellen Zahlenwerte, und dient zur Vervielfachung des Betrages der komplexen Zahl $\mathfrak{B}$. Zu bestimmen ist nun der geometrische Ort, auf dem die Vektorspitze von $\mathfrak{G}$ sich bewegt, wenn der Parameter p variiert. Die Lösung dieser Aufgabe ist äußerst einfach. An Hand der Abb. 34 sei das Problem erläutert.

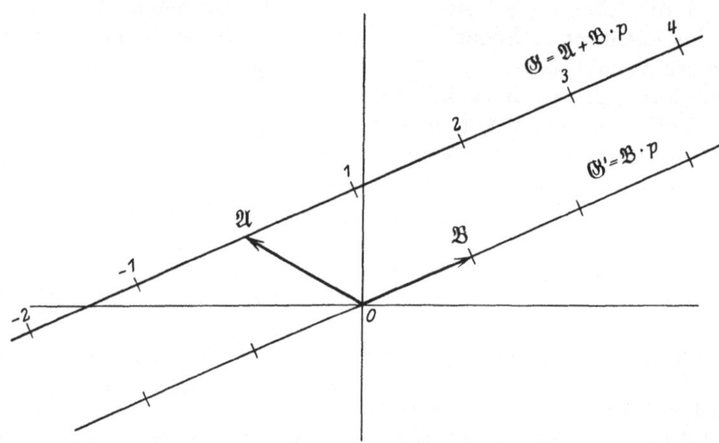

Abb. 34. Geometrischer Ort des Vektors $\mathfrak{G} = \mathfrak{A} + \mathfrak{B} \cdot p$.

Vom Nullpunkt des Koordinatensystems ist der Vektor $\mathfrak{B}$ nach Maßgabe seiner komplexen Zahl aufzutragen. Die Multiplikation dieses Vektors mit dem Parameter p ändert an dessen Richtung nichts, es wird hierdurch nur dessen Betrag vervielfacht. Die Größe $\mathfrak{B} \cdot p$ stellt also eine durch den Nullpunkt gehende Gerade dar. Da zu allen Werten, welche die Größe $\mathfrak{B} \cdot p$ annehmen kann, noch die Größe $\mathfrak{A}$ zu addieren ist, ist die durch den Nullpunkt gehende Gerade nach Maßgabe des Vektors $\mathfrak{A}$ parallel zu sich selbst zu verschieben. Man trägt den Vektor $\mathfrak{A}$ vom Nullpunkt aus ab, und zieht durch die Vektorspitze von $\mathfrak{A}$ eine zur erst gezeichneten Geraden parallel verlaufende Gerade. Der Ausdruck

$$\mathfrak{G} = \mathfrak{A} + \mathfrak{B} \cdot p$$

stellt somit eine Gerade von beliebiger Lage dar, längs der die Vektorspitze von $\mathfrak{G}$ bei Änderung des Parameters p läuft.

In einem weitern Schritt soll der Ausdruck

$$\mathfrak{G} = \frac{1}{\mathfrak{C} + \mathfrak{D} \cdot p}$$

auf seine Bedeutung untersucht werden. Der Nenner dieses Ausdruckes hat denselben Aufbau wie die bereits behandelte Gleichung der Geraden beliebiger Lage. Es handelt sich demnach um die Darstellung eines Vektors $\mathfrak{G}$, welcher auf einem geometrischen Ort läuft, der einer Geraden reziprok zugeordnet ist. Hierbei ist zu beachten, daß die Richtungen reziproker Vektoren in bezug auf die reelle Koordinatenachse spiegelbildlich sind, was aus der folgenden Schreibweise ersichtlich ist.

$$\frac{1}{\mathfrak{A}} = \frac{1}{|A \cdot e^{j \cdot \alpha}} = \frac{1}{A} \cdot e^{-j \cdot \alpha}.$$

Indem man die Gerade $\mathfrak{C} + \mathfrak{D} \cdot p$ spiegelbildlich zur reellen Achse zeichnet, ist dieser Forderung Genüge getan, und es ist dann ohne weiteres gestattet, zu dem Spiegelbild der Geraden $\mathfrak{C} + \mathfrak{D} \cdot p$ mit den Hilfsmitteln der analytischen Geometrie die reziproke Figur ausfindig zu machen.

Die Abb. 35 zeigt eine Gerade und ein durch den Koordinaten-Nullpunkt gehenden Kreis. Daß diese beiden Figuren einander reziprok zugeordnet sind, lehrt der folgende Beweis. Die Gleichung der Geraden lautet

$$y = -\operatorname{tg}\beta \cdot x + c$$

oder in Polarkoordinaten

$$r = \frac{c}{\sin\varphi + \operatorname{tg}\beta \cdot \cos\varphi}.$$

Schreibt man die Gleichung dieser Geraden reziprok an, dann erhält man

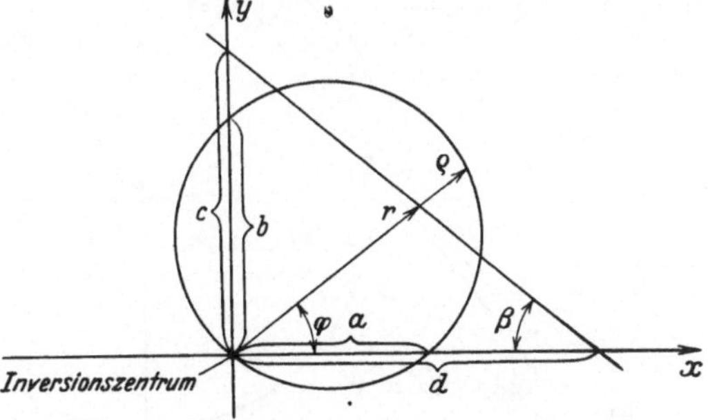

Abb. 35. Kreis, entstanden durch Inversion einer Geraden.

$$\frac{1}{r} = \frac{1}{c} \cdot \sin\varphi + \frac{\operatorname{tg}\alpha}{c} \cdot \cos\varphi = \frac{1}{c} \cdot \sin\varphi + \frac{1}{d} \cdot \cos\varphi.$$

Setzt man für die Faktoren $1:c$, $1:d$ und $1:r$ die Werte b, a und ϱ, dann geht die eben angeschriebene Gleichung in die Form über

$$\varrho = b \cdot \sin\varphi + a \cdot \cos\varphi.$$

In dieser Gleichung erkennt man die in der analytischen Geometrie übliche Darstellung eines Kreises in Polarkoordinaten, für den Fall, daß der Kreis durch den Koordinaten-Nullpunkt geht und von der x- bzw. y-Achse die Strecken a bzw. b herausschneidet. Man erkennt ferner, daß einander zugeordnete Punkte der Geraden und des Kreises in ihrer Verbindung auf einem Strahl liegen, welcher durch den Nullpunkt geht. Diesen Punkt, in dem sich alle Verbindungsstrahlen schneiden, nennt man das Inversionszentrum. Im vorliegenden Fall ist es der Nullpunkt. Es ist allgemein üblich, einander reziprok zugeordnete Figuren als inverse Figuren zu bezeichnen. Durch Inversion einer Geraden entsteht somit ein Kreis.

Die Vektorspitze von $\mathfrak{G}$ bewegt sich somit bei Änderung des Parameters p auf einem Kreis. Die Konstruktion dieses Kreises ist in der Abb. 36 ersichtlich und soll noch erläutert werden. In erster Linie ist die Gerade

$$\mathfrak{G}' = \mathfrak{C} + \mathfrak{D} \cdot p$$

zu zeichnen. Dies geschieht nach den bereits im frühern geschilderten Prinzipien. Hierauf ist das Spiegelbild dieser Geraden in bezug auf die reelle Achse zu konstruieren, was ohne weiteres möglich ist. Indem man

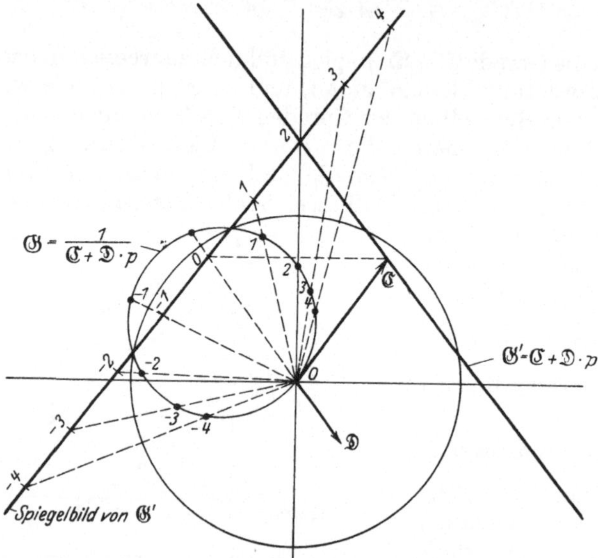

Abb. 36. Geometrischer Ort des Vektors $\mathfrak{G} = \dfrac{1}{\mathfrak{C} + \mathfrak{D} \cdot p}$.

nun mit der Einheitsstrecke als Radius einen Kreis mit dem Zentrum im Koordinaten-Nullpunkt schlägt, schneidet man die spiegelbildliche Gerade im allgemeinen in zwei Punkten. Wie leicht zu erkennen ist, müssen diese Schnittpunkte dem gesuchten Kreise angehören. Da der zu konstruierende Kreis auch durch den Koordinaten-Nullpunkt gehen muß, ist seine Lage bereits ermittelt.

Zwecks Untersuchung des Ausdruckes

$$\mathfrak{G} = \frac{\mathfrak{A} + \mathfrak{B} \cdot p}{\mathfrak{C} + \mathfrak{D} \cdot p}$$

wird derselbe in der Form geschrieben

$$\mathfrak{G} = \frac{\mathfrak{B}}{\mathfrak{D}} + \left(\mathfrak{A} - \frac{\mathfrak{B}}{\mathfrak{D}} \cdot \mathfrak{C} \right) \cdot \frac{1}{\mathfrak{C} + \mathfrak{D} \cdot p}.$$

Der Faktor

$$\frac{1}{\mathfrak{C} + \mathfrak{D} \cdot p}$$

stellt, wie wir nun wissen, einen Kreis, der durch den Koordinaten-Null-punkt geht, dar. Der Klammerausdruck

$$\left(\mathfrak{A} - \frac{\mathfrak{B}}{\mathfrak{D}} \cdot \mathfrak{C} \right)$$

enthält den Parameter nicht, und ist deshalb eine unveränderliche komplexe Zahl. Die Multiplikation des durch den Koordinaten-Null-punkt gehenden Kreises mit dieser komplexen Zahl bedingt eine gleich-mäßige Größenänderung des Kreises, sowie eine Verdrehung desselben. Dieser nach Maßgabe des Multiplikanten veränderte Kreis geht jedoch immer noch durch den Koordinaten-Nullpunkt. Der Quotient

$$\frac{\mathfrak{B}}{\mathfrak{D}}$$

der ebenfalls eine gleichbleibende komplexe Zahl ist, die zu allen Kreis-punkten addiert werden muß, führt zu einer Parallelverschiebung des Kreises. Dadurch erhält der Kreis eine allgemeine Lage. Begegnet man also dem Ausdruck

$$\mathfrak{G} = \frac{\mathfrak{A} + \mathfrak{B} \cdot p}{\mathfrak{C} + \mathfrak{D} \cdot p},$$

dann weiß man, daß die Vektorspitze von $\mathfrak{G}$ bei Variation des Para-meters p auf einem Kreis in allgemeiner Lage marschiert.

Nach dem bis dahin gezeichneten Schema könnte man die Ausdrücke für die Kegelschnitte, die zirkularen Kurven 3. Ordnung, die bizirku-laren Kurven 4. Ordnung usw. verfolgen, was jedoch nicht in den Rah-men dieser Arbeit gehört. Wer sich in dieses Gebiet weiter vertiefen möchte, sei auf die Schrift von O. Bloch „Die Ortskurven der graphi-schen Wechselstromtechnik"[1] verwiesen.

In der elektrotechnischen Literatur begegnet man hin und wieder der folgenden Form der Kreisgleichung

$$\mathfrak{J} = \mathfrak{U} \cdot \frac{\mathfrak{a} + \mathfrak{b} \cdot p}{\mathfrak{c} + \mathfrak{b} \cdot p}.$$

Hierin bedeutet beispielsweise $\mathfrak{U}$ die Spannung an der Primärwicklung eines Asynchronmotors, $\mathfrak{J}$ der in dieser Wicklung fließemde Strom und p ist ein von der Drehzahl abhängiger Parameter. Die Größen $\mathfrak{a}$, $\mathfrak{b}$, $\mathfrak{c}$, $\mathfrak{b}$ sind kompexe Zahlen. Der Quotient dieses Ausdruckes stellt, wie aus den obigen Betrachtungen hervorgeht, einen Kreis in allgemeiner Lage dar. Die Multiplikation dieses Quotienten mit dem Vektor $\mathfrak{U}$ bedingt eine Größenänderung sowie eine Verdrehung des Kreises. Die Spitze des Vektors $\mathfrak{J}$ bewegt sich also bei Variation des Parameters p auf einem Kreis in allgemeiner Lage.

---

[1] Verlag von Rascher & Co. in Zürich 1917.

Identifiziert man den Parameter p mit der Schlüpfung des Asynchronmotors, dann ergibt sich für

$p = 0$ (Leerlauf): $\qquad\qquad \Im_0 = \mathfrak{U} \cdot \dfrac{\mathfrak{a}}{\mathfrak{c}},$

$p = \infty$: $\qquad\qquad\qquad \Im_\infty = \mathfrak{U} \cdot \dfrac{\mathfrak{b}}{\mathfrak{d}}.$

Die Kreisgleichung für den Strom $\Im$ nimmt unter Verwendung dieser Beziehungen die Form an

$$\Im = \Im_\infty + \frac{\Im_0 - \Im_\infty}{1 + \dfrac{\mathfrak{b}}{\mathfrak{c}} \cdot p}.$$

Der Nenner des zweiten Summanden auf der rechten Seite dieser Gleichung erkennt man als den Ausdruck für eine Gerade, und wie bereits aus den Untersuchungen dieses Abschnittes bekannt ist, stellt der reziproke Wert einer Geraden einen Kreis dar. Hiermit ist erneut zum Ausdruck gebracht, daß die Spitze des Vektors $\Im$ bei Änderung des Parameters p auf einem Kreis marschiert.

11. Abbildungen von kompensierten und synchronisierten Asynchronmaschinen.

In den Abb. 37, 38 und 39 sind Kompensatoren, gekuppelt mit ihren Abtriebsmotoren, ersichtlich. Bei der Maschine des erstgenannten

Abb. 37. Phasenkompensator zu einem Asynchronmotor von 580 PS Leistung, 630 Volt Spannung, 150 Touren pro Minute und 50 Perioden der Maschinenfabrik Oerlikon.

Bildes handelt es sich um einen fremderregten Kompensator und bei den letzteren Bildern sind es eigenerregte Kompensatoren.

Einen fremderregten Kompensator, welcher mit dem Asynchronmotor direkt gekuppelt wird, veranschaulicht die Abb. 40.

Die Abb. 41, 42 und 43 zeigen große kompensierte Asynchronmotoren und die zu denselben gehörenden Kompensatoren. Bei der Gruppe des Bildes 41 ist für den Kompensator kein besonderer An-

triebsmotor. Der Antrieb erfolgt mittels eines Zahngetriebes vom Hauptmotor aus. Man ersieht aus diesen Abbildungen, daß die Kompensator-

Abb. 38. Phasenkompensator von Brown, Boveri & Cie.

aggregate verhältnismäßig klein ausfallen. Die Verhältnisse liegen
ähnlich wie bei Generatoren mit deren Erregermaschinen.

Die Firma Brown, Boveri & Cie., Baden, hat eine spezielle Kommutatormaschine, die sogenannte Scherbinsmaschine entwickelt. Diese

Abb. 39. Phasenkompensator von Brown, Boveri & Cie.

Maschine, welche durch die Abb. 44 zur Darstellung gelangt, eignet
sich vorzüglich zur Kompensation von Asynchronmotoren. In neuester
Zeit geht man bei kleineren Motoren dazu über, dieselben mittels
statischer Kondensatoren zu kompensieren. Die Abb. 45 veranschau-

licht einen Ventilatormotor. Von dessen Klemmenkasten führen Kabel zu einem Metallkasten, in dem sich Kondensatoren aus Papier und Metallfolie befinden.

Abb. 40. Fremderregte Drehstrom-Erregermaschine der Siemens-Schuckertwerke.

In den Abb. 46 bis 49 sind Synchron-Induktionsmotoren wiedergegeben. Die Abb. 46, 47 und 48 sind Schildlagertypen. Die Erregermaschine ist fliegend angebaut. Für den asynchronen Anlauf des Motors ist ein Anlasser notwendig, der bei der Ausführung der Abb. 47 direkt

Abb. 41. Asynchronmotor von 300 PS Leistung. 3000 Volt Spannung, 365 Touren pro Minute, und 50 Perioden, gekuppelt mittels eines Zahngetriebes mit einem Kompensator der Maschinenfabrik Oerlikon.

an den Motor angebaut ist. Am Anlasser selbst ist der zur Erregermaschine gehörende Magnetregulator angeschraubt.

Die Abb. 49 zeigt einen Bocklagertyp mit direkt auf die Motorwelle gekeiltem Erreger. In den Abb. 50 und 51 sind Stator und Rotor einer solchen Maschine abgebildet. Gegenüber der Konstruktion

Abb. 42. Asynchronmotor von 600 PS Leistung und 245 Touren pro Minute in Verbindung mit einem Phasenkompensator von Brown, Boveri & Cie.

eines gewöhnlichen Asychronmotors ist kaum ein Unterschied zu konstatieren.

Abb. 43. Asynchronmotor von 750 PS Leistung der S. A. Westinghouse le Havre mit Phasenkompensationsaggregat von Brown, Boveri & Cie.

Einen in seine Hauptteile zerlegten Synchron-Induktionsmotor vom Schildlagertyp zeigt die Abb. 52.

Daß die Synchron-Induktionsmotoren zum Antriebe der verschiedensten Maschinen verwendet werden, geht aus den Abb. 53, 54 und 55
hervor. Die Abb. 53 zeigt den Antrieb eines Vierpressen-Holzschleifers,

Abb. 44. Dreiphasen-Kommutatormaschine nach Scherbius für 30 kVA, 450 Ampère und
3000 Touren pro Minute von Brown, Boveri & Cie.

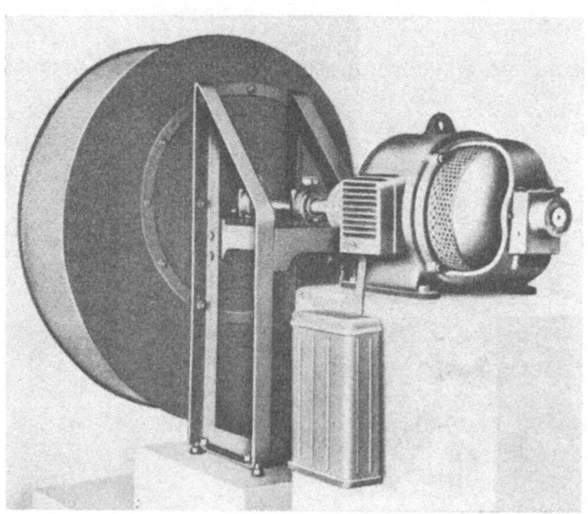

Abb. 45. Ventilatormotor für 15 kW Leistung, 500 Volt Spannung, 500 Touren pro Minute und
50 Perioden mit einem statischen Kondensator von 3,06 kVA Blindleistung.

Abb. 54 von Gleichstromgeneratoren und Abb. 55 von Förderpumpen.
Bei den Motoren der Abb. 55 handelt es sich um eine vertikale Bauart,
die Pumpen befinden sich unterhalb des Fußbodens vom Maschinensaal.

Es sei darauf hingewiesen, daß die Verwendung dieser in der Anlage Rempen des Kraftwerkes Wäggital (Schweiz) aufgestellten großen

Abb. 46. Synchron-Induktionsmotor für 150 PS Leistung bei cos $\varphi = 0,9$ voreilend, 3300 Volt Spannung, 500 Touren pro Minute und 50 Perioden der Maschinenfabrik Oerlikon.

Abb. 47. Synchron-Induktionsmotor für 160 PS Leistung bei cos $\varphi = 1$, 220 Volt Spannung 1000 Touren pro Minute und 50 Perioden, mit angebautem Anlasser und Regulierwiderstand zum Erreger von Brown, Boveri & Cie.

Synchron-Induktionsmotoren eine doppelte ist. In der Sommerszeit, wenn überschüssige Energie produziert werden kann, wird dieselbe zum Betrieb dieser Pumpmotoren ausgenützt und die Pumpen fördern Wasser in ein Staubecken. Im Winter arbeiten diese Motoren jedoch

Abb. 48. Synchron-Induktionsmotor für 45 kW Leistung bei cos $\varphi = 0{,}9$ voreilend, 500 Volt Spannung und 750 Touren pro Minute der Siemens-Schuckertwerke.

Abb. 49. Synchron-Induktionsmotor für 820 PS Leistung und 1000 kVA Scheinleistung, 2800 Volt Spannung, 250 Touren pro Minute und 50 Perioden der Maschinenfabrik Oerlikon.

mit cos $\varphi = 0$ voreilend, womit der Leistungsfaktor des Netzes verbessert wird. Leisten die Motoren mechanische Arbeit, dann beträgt ihr cos φ immerhin 0,8 voreilend. Der Anlauf dieser Motoren erfolgt mit Hilfe eines Anlaßtransformators und eines Wasseranlassers völlig automatisch. Der Wasseranlasser gestattet ebenfalls eine äußert feine Drehzahlregulierung.

Abb. 50. Stator eines Synchron-Induktionsmotors für 850 PS Leistung bei cos $\varphi = 0,88$ voreilend, 500 Volt Spannung, 150 Touren pro Minute und 40 Perioden der Maschinenfabrik Oerlikon.

Abb. 51. Rotor eines Synchron-Induktionsmotors, passend zum Stator der Abb. 50.

Die Abb. 56 veranschaulicht den Rotor eines in der Anlage Rempen aufgestellten Synchron-Induktionsmotors. Die Ventilation dieser Mo-

Abb. 52. Einzelteile des Synchron-Induktionsmotors nach Abb. 48.

toren ist speziell durchkonstruiert. Die Kühlluft wird axial in den Rotor-stern eingezogen, strömt in einen in der Mitte des Rotoreisens befindlichen Ringkanal und von diesem durch axial im Rotoreisen vorhandene axiale Bohrungen wieder nach außen. Beim Stator strömt die ange-

Abb. 53. Synchron-Induktionsmotor für 600 PS Leistung, 500 Volt Spannung, 250 Touren pro Minute und 50 Perioden von Brown, Boveri & Cie., gekuppelt mit einem Vierpressen-Holzschleifer von Theodor Bell & Cie., Kriens.

saugte Kühlluft durch axiale Bohrungen durch das Statoreisen, und zwar von beiden Seiten her nach dem in der Mitte des Statoreisens befind-

Abb. 54. Synchron-Induktionsmotor für 2200 kW Leistung, 5500 Volt Spannung, 600 Touren pro Minute und 50 Perioden; auf jeder Seite gekuppelt mit einem Gleichstromgenerator von 1000 kW Leistung, 6900 Ampère, 125—145 Volt Bürstenspannung, von Brown, Boveri & Cie. Der Erreger am Ende der Welle gehört zum Motor.

lichen radialen Kühlkanal und von diesem längs dem Rücken des Statoreisens nach außen. Dieser radiale Kühlkanal ist ebenfalls, wie bereits

Abb. 55. 4 Stück Synchron-Induktionsmotoren für je 5500 PS Leistung bei cos $\varphi = 0{,}8$ voreilend, 8400 Volt Spannung, 750 Touren pro Minute und 50 Perioden der Maschinenfabrik Oerlikon (Kraftwerk Wäggital, Schweiz).

Abb. 56. Rotor zum Synchron-Induktionsmotor der Abb. 55.

erwähnt, auch im Rotor vorhanden und in der Abbildung gut sichtbar. Ein Preßspanband schließt denselben gegen den Luftspalt zu ab. Erwähnenswert ist noch, daß der Rotor nicht aus ganzen Blechringen, sondern aus Segmenten geblecht ist. Die Segmente sitzen auf mit

Abb. 57. Synchron-Induktionsmotor für 5000 kVA, 8000 Volt Spannung, 1000 Touren pro Minute und 50 Perioden der Maschinenfabrik Oerlikon (Kraftwerk Beznau, Schweiz).

Schwalbenschwänzen versehenen Stahlringen, die dem Rotorstern aufgeschrumpft sind.

Die Abb. 57 zeigt noch einen großen Synchron-Induktionsmotor,

Abb. 58. Asynchronmotor mit eigenerregter Drehstrom-Erregermaschine der Siemens-Schuckertwerke.

welcher nur zum Phasenschieben dient. Solche Maschinen kamen im Kraftwerk Beznau (Schweiz) zur Verbesserung des Leistungsfaktors zur Aufstellung.

Zum Schlusse sind noch in den Abb. 58, 59 und 60 ein kompensierter Asynchronmotor mit eigenerregtem Kompensator, welcher mit

Abb. 59. Heyland-Motor der Siemens-Schuckertwerke.

dem Hauptmotor vereinigt ist, sowie der Heyland-Motor und der Osnosmotor zur Darstellung gebracht.

Abb. 60. Osnos-Motor der Siemens-Schuckertwerke.

Druck von Oscar Brandstetter in Leipzig.

Die Wechselstromtechnik. Herausgegeben von Professor Dr.-Ing.
E. Arnold, Karlsruhe. In fünf Bänden.

I. Band: **Theorie der Wechselströme.** Von J. L. la Cour und O. S.
Bragstad. Zweite, vollständig umgearbeitete Auflage. Mit 591 in den
Text gedruckten Figuren. XIV, 922 Seiten. 1910. Unveränderter Neudruck
1923. Gebunden RM 30.—

II. Band: **Die Transformatoren.** Ihre Theorie, Konstruktion, Berechnung und Arbeitsweise. Von E. Arnold und J. L. la Cour. Zweite, vollständig umgearbeitete Auflage. Mit 443 in den Text gedruckten Figuren
und 6 Tafeln. XII, 450 Seiten. 1910. Unveränderter Neudruck 1923.
Gebunden RM 20.—

III. Band: **Die Wicklungen der Wechselstrommaschinen.** Von
E. Arnold. Zweite, vollständig umgearbeitete Auflage. Mit 463 Textfiguren und 5 Tafeln. XII, 371 Seiten. 1912. Unveränderter Neudruck 1923. Gebunden RM 16.—

IV. Band: **Die synchronen Wechselstrommaschinen.** Generatoren,
Motoren und Umformer. Ihre Theorie, Konstruktion, Berechnung und
Arbeitsweise. Von E. Arnold und J. L. la Cour. Zweite, vollständig
umgearbeitete Auflage. Mit 530 Textfiguren und 18 Tafeln. XX,
896 Seiten. 1913. Unveränderter Neudruck 1923. Gebunden RM 28.—

V. Band: **Die asynchronen Wechselstrommaschinen.**

1. Teil: **Die Induktionsmaschinen.** Ihre Theorie, Berechnung, Konstruktion und Arbeitsweise. Von E. Arnold und J. L. la Cour unter
Mitarbeit von A. Fraenckel. Mit 307 in den Text gedruckten Figuren
und 10 Tafeln. XVI, 592 Seiten. 1909. Unveränderter Neudruck 1923.
Gebunden RM 24.—

2. Teil: **Die Wechselstromkommutatormaschinen.** Ihre Theorie,
Berechnung, Konstruktion und Arbeitsweise. Von E. Arnold, J. L. la
Cour und A. Fraenckel. Mit 400 in den Text gedruckten Figuren und
8 Tafeln. XVI, 660 Seiten. 1912. Unveränderter Neudruck 1923.
Gebunden RM 26.—

Der Wechselstromkompensator. Von Dr.-Ing. W. v. Krukowski.
Mit 20 Abbildungen im Text und auf einem Textblatt. (Sonderabdruck aus
„Vorgänge in der Scheibe eines Induktionszählers und der Wechselstrom-
kompensator als Hilfsmittel zu deren Erforschung".) IV, 60 Seiten. 1920.
RM 4.—

Hilfsbuch für die Elektrotechnik. Unter Mitwirkung namhafter
Fachgenossen bearbeitet und herausgegeben von Dr. Karl Strecker. Zehnte,
umgearbeitete Auflage.

Starkstromausgabe. Mit 560 Abbildungen. XII, 739 Seiten. 1925.
Gebunden RM 20.—

Schwachstromausgabe (Fernmeldetechnik). Mit 1057 Abbildungen. XXII,
1137 Seiten. 1928. Gebunden RM 42.—

Die elektrische Kraftübertragung. Von Oberingenieur Dipl.-Ing. Herbert Kyser. In 3 Bänden.

Erster Band: Die Motoren, Umformer und Transformatoren. Ihre Arbeitsweise, Schaltung, Anwendung und Ausführung. **Zweite,** umgearbeitete und erweiterte Auflage. Mit 305 Textfiguren und 6 Tafeln. XV, 417 Seiten. 1920. Unveränderter Neudruck 1923. Gebunden RM 25.—

Der 1. Band ist nur noch beim Kauf des ganzen Werkes erhältlich.

Zweiter Band: Die Niederspannungs- und Hochspannungs-Leitungsanlagen. Ihre Projektierung, Berechnung. elektrische und mechanische Ausführung und Untersuchung. **Zweite,** umgearbeitete und erweiterte Auflage. Mit 319 Textfiguren und 44 Tabellen. VIII, 405 Seiten. 1921. Unveränderter Neudruck 1923. Gebunden RM 25.—

Dritter Band: Die maschinellen und elektrischen Einrichtungen des Kraftwerkes und die wirtschaftlichen Gesichtspunkte für die Projektierung. **Zweite,** umgearbeitete und erweitertete Auflage. Mit 665 Textfiguren, 2 Tafeln und 87 Tabellen. XII, 930 Seiten. 1923. Unveränderter Neudruck 1929. Gebunden RM 54.—

Berechnung von Drehstrom-Kraftübertragungen. Von Oberingenieur Oswald Burger. Mit 36 Textabbildungen. V, 115 Seiten. 1927. RM 7.50

Theorie der Wechselstromübertragung (Fernleitung und Umspannung). Von Dr.-Ing. H. Grünholz. Mit 130 Abbildungen im Text und auf 12 Tafeln. VI, 222 Seiten. 1928. Gebunden RM 36.75

Die Berechnung von Gleich- und Wechselstromsystemen. Von Dr.-Ing. Fr. Natalis. Zweite, völlig umgearbeitete und erweiterte Auflage. Mit 111 Abbildungen. VI, 214 Seiten. 1924. RM 10.—

Aufgaben und Lösungen aus der Gleich- und Wechselstromtechnik. Ein Übungsbuch für den Unterricht an technischen Hoch- und Fachschulen, sowie zum Selbststudium. Von Professor H. Vieweger. Neunte, erweiterte Auflage. Mit 250 Textabbildungen und 2 Tafeln. VIII, 360 Seiten. 1926. RM 9.90; gebunden RM 11.40

Die symbolische Methode zur Lösung von Wechselstromaufgaben. Einführung in den praktischen Gebrauch. Von Hugo Ring. Zweite, vermehrte und verbesserte Auflage. Mit 50 Textabbildungen. VII, 80 Seiten. 1928. RM 4.50

Ankerwicklungen für Gleich- und Wechselstrommaschinen. Ein Lehrbuch von Professor Rudolf Richter, Karlsruhe. Mit 377 Textabbildungen. XI, 423 Seiten. 1920. Berichtigter Neudruck 1922. Gebunden RM 14.—